国家科技基础性工作专项资源与环境领域项目成果编研（上册）

杨雅萍 白 燕 乐夏芳 王 祎 著

科学出版社

北 京

内 容 简 介

本书受科技基础性工作专项项目（2013FY110900）的资助，重点对 1999~2011 年科技基础性工作专项资源与环境领域立项项目进行规范化整编与分析，对项目产生的各类科学数据进行系统分类与总结分析，包括科技基础性工作专项立项背景、资源与环境领域立项项目信息及其项目成果编目、资源与环境领域立项项目信息及其成果分析，涵盖类型、数量、要素内容与时空分布等方面。本书旨在摸清我国 1999~2011 年科技基础性工作专项资源与环境领域项目数据资料的现状，以把握科技基础性工作研究热点与前沿，衡量科技基础性工作整体布局与工作重点，支撑科技基础性工作项目部署与决策。

本书可供从事科技基础性工作研究的科研、管理、技术与决策人员阅读和参考。

图书在版编目（CIP）数据

国家科技基础性工作专项资源与环境领域项目成果编研（上册）/杨雅萍等著. —北京：科学出版社，2019.6
ISBN 978-7-03-059319-1

Ⅰ. ①国… Ⅱ. ①杨… Ⅲ. ①科学研究工作-数据-编目-中国 Ⅳ. ①G322

中国版本图书馆 CIP 数据核字（2018）第 245925 号

责任编辑：刘 超 / 责任校对：樊雅琼
责任印制：吴兆东 / 封面设计：无极书装

科学出版社 出版
北京东黄城根北街 16 号
邮政编码：100717
http://www.sciencep.com

北京虎彩文化传播有限公司 印刷
科学出版社发行 各地新华书店经销
*
2019 年 6 月第 一 版 开本：720×1000 1/16
2019 年 6 月第一次印刷 印张：5
字数：100 000

定价：100.00 元
（如有印装质量问题，我社负责调换）

《国家科技基础性工作专项资源与环境领域项目成果编研》编写委员会

主　　笔：杨雅萍

副 主 笔：乐夏芳　王　祎　白　燕

编写人员：杜　佳　陈晓娜　王宏智　刘杨晓月　关小荣　张琼悦

　　　　　孙　颖　黄晓然　周胜男　柏永清　家淑珍　姜　侯

　　　　　赵晓丹　赵丹云　王筱萱　史　娟　张诗檬　张心萍

前　言

数据是科学研究的生命。国家科技计划项目是产生科学数据的重要源泉。随着国家逐步加大对科技计划项目的投入与实施，越来越多的支撑重要科学发现的科学数据被采集、获取和积累。及时汇交、整编和共享这些数据资源，既是国家科技投入的增值体现，也是促进这些数据更好地被共享和开发利用的重要途径。因而，科学数据的汇交及整编工作越来越受到国家科技计划项目管理机构和科学研究人员的重视。

科技基础性工作是国家科技计划的重要组成部分，是通过考察、观测、探测、监测、调查、试验、实验及编撰等方式采（收）集和整理科学数据、生物种质资源、科学标本、资料信息等，为科学研究与技术开发提供共享资源和条件的工作。国家自1999年启动科技基础性工作专项以来，已经投资总经费数十亿元，支持了包含气象、地理科学、生物学、农业、林业、医学、环境、材料等多个领域的数百个项目。通过这些项目，累积了一大批重要的基础科学数据，抢救性整编了一批珍贵的历史科技资料，制订了一批行业规范，研制了一批标准物质。然而，绝大部分项目已结题的科技基础性工作数据资料并没有得到及时有效地整编与挖掘，甚至有些数据濒临丢失，极大地限制了科技基础性工作本质目标的实现与科学数据的共享。

在科技基础性工作专项项目"科技基础性工作数据资料集成与规范化整编"（2013FY110900）的支持下，本书对1999～2011年科技基础性工作专项资源与环境领域项目及其数据资料进行了分类集成、规范化整编与系统分析，旨在促进该领域已有科技基础性工作专项数据资料的广泛共享和有效利用，发挥该领域数据资源潜在的科学价值、社会价值和经济价值，提升我国科技基础性工作服务于科技创新、国家战略决策和社会经济发展的能力。

全书共分5章。第1章介绍了科技基础性工作专项相关背景、科学数据汇交管理办法及其汇交的重要性，以及本书中科学数据资源的类型。第2章整编了1999～2011年科技基础性工作专项资源与环境领域项目的相关信息，包括项目立项时间、项目名称、项目编号、项目类型、学科类型、项目负责人、项目承担单位、主管部门及项目摘要9项内容。第3章、第4章分别汇编了1999～2002年、2006～2011年科技基础性工作专项资源与环境领域项目的成果信息及对其资源进行展示，重点涵盖资源元数据、资源说明、项目基本信息和资源内容 4 个方面的详细信息。第 5 章则分别对 1999～2011 年科技基础性工作专项资源与环境领域的项目及其产出成果进行了包含数量变化和时空分布的系统分析。

由于本书涉及内容是结合国家项目任务开展的，限于专业领域覆盖面和时间等因素的影响，可能会有不足之处，请读者不吝指正。

作　者

2018 年 10 月

索引（专题-拼音）

暴雨基础数据库的建设　8，858

长江上游生态环境变化监测网络与数据库建设　12，59，60，858

大陆大气本底基准研究　6，53，857

地球科学数据库系统（WDC-D）-海洋学科数据库群建设　4，38，39，40，41，42，43，45，52，857

地球科学数据库系统（WDC-D）-气象科学部分　5，52，53，857

地学研究中的重要标准物质研制　23，24，746，852，853，854

典型煤矸石堆场对周边地区生态环境影响的调查　33，265，266，267，535，536，650，651，652，654，729，775，776，862，880

东北森林植物种质资源专项调查　26，576，578，580，584，586，588，590，593，594，595，596，598，599，730，731，766，767，768，769，770，771，772，819，820，834，835，860

额尔古纳河流域湿地水文、生态调查　27，861

非粮柴油能源植物与相关微生物资源的调查、收集与保存　32，641，643，645，646，647，648，743，773，774，775，844，861

格网化资源环境综合科学调查规范　35，36，268，269，270，273，274，275，277，278，279，280，284，286，287，290，292，293，295，296，297，299，303，306，307，309，311，312，313，314，315，708，709，710，711，712，713，714，715，716，717，718，719，720，721，722，723，724，725，726，727，728，862

国家环境数据库建设与服务　18，859

国家基础研究管理数据库　8，858

海岸带遥感调查规范制定　19，43，48，64，65，859

《海洋调查规范》修订　14，858

海南岛及西沙群岛生物资源考察　21，860

海洋科技重点数据库　9，54，858

海洋历史资料抢救　7，48，47，54，857

海洋调查新标准制定　19，859

海洋信息质量与标准体系建设　10，54，858

华北地区自然植物群落资源综合考察 35，655，656，657，659，660，662，664，665，667，669，671，672，674，676，677，679，681，682，684，686，688，690，691，777，830，862

极地冰冻圈数据库建设 6，858

建立中国海洋标准物质体系 9，42，47，54，55，56，57，858

科技基础数据共享政策与立法的前期研究 16，859

科技统计数据采集加工分析与相关基础工作 22，860

科学数据共享发布策略和评估方法研究 20，860

科学数据共享技术平台与标准框架研究 16，859

库姆塔格沙漠综合科学考察 22，68，70，72，73，558，559，560，561，563，564，565，566，733，734，735，736，765，860

澜沧江中下游与大香格里拉地区科学考察 31，225，226，227，229，230，231，233，234，237，238，240，242，243，245，246，247，248，249，250，251，252，253，254，255，256，257，258，260，261，262，522，524，526，528，530，620，621，622，624，626，628，629，631，632，634，635，636，637，639，640，756，757，761，762，763，773，826，849，850，861

历史大旱及典型场次旱灾水文特性复原 34，694，784，785，829，862

历史航空摄影数字化处理与建库 7，37，38，46，51，52，857

利用树木年轮重建我国干寒区气候环境演变信息的整编 29，156，158，159，161，162，163，164，166，168，705，706，707，731，753，861

南海海洋断面科学考察 30，31，168，169，170，171，172，173，174，175，176，177，178，179，180，181，182，183，185，187，188，189，191，192，193，194，753，754，861

气象地面高空自动观测仪器检测技术和规范 15，859

气象资料共享系统建设(2001年) 14，47，60，61，859

气象资料共享系统建设（2002年） 18，48，49，62，63，64，859

秦巴山区生态群落与生物种质资源调查 27，154，155，600.602，605，609，612，615，618，739，823，836，837，838，839，861

青藏高原低涡、切变线年鉴的研编 22，74，75，76，77，78，79，80，81，82，83，85，86，88，89，90，91，92，95，96，97，98，817，860

青藏高原多年冻土本底调查 31，195，196，197，198，199，200，201，202，203，204，205，207，209，210，212，214，215，216，217，218，220，222，224，754，755，861

青藏高原特殊生境下野生植物种质资源的调查与保存 25，567，737，738，831，833，860

全国生态环境综合数据库与监测信息网络 5，9，57，

全国水环境信息数据库 10，11，44，45，65，858

| 索引（专题-拼音）|

全球热带气旋资料库　15，51，61，859

森林土壤资源调查及标本搜集　28，552，554，556，764，841，858

深海沉积物分类与命名　23，99，694，695，743，744，745，860

水文水资源信息共享服务　18，49，64，859

我国赤潮毒素、海洋浮游植物及海产品中有害微量元素检测与技术标准的研究　33，862

我国东部整层大气重要参数高分辨垂直分布探查　26，140，141，142，143，144，145，146，
　　147，148，149，150，151，152，153，860

我国环境毒理、风险评估与基准　24，860

我国近岸海域表层沉积物中的甲藻孢囊分类　34，862

我国土系调查与《中国土系志》编制　32，264，707，827，828，846，861

污染土地信息采集与国家污染场地档案建设　29，533，741，758，759，760，861

西北人文资源环境基础数据库　20，51，859

西部地区资源环境基础空间数据库　11，42，58，858

西部社会、经济、资源和环境综合数据库　11，58，858

西部资源、生态环境基础数据库建设　11，58，59，858

信息资源的科学分类与调查　30，742，800，801，802，803，804，805，806，807，808，809，
　　810，811，812，813，814，815，816，861

中国北方及其毗邻地区综合科学考察　25，101，102，103，104，105，106，107，108，109，
　　110，111，112，113，114，115，117，118，119，120，121，123，125，126，128，129，
　　130，131，132，134，136，138，139，569，571，573，695，696，697，698，699，700，
　　701，702，703，704，747，748，749，750，751，752，860

中国冰川资源及其变化调查　21，860，

中国地球科学数据中心完善与服务　14，60，859

中国地球科学数据中心完善与共享平台建设　17，61，859

中国干旱地区苦咸水调查　32，859

中国海及邻近西北太平洋海洋生物物种编目和分布图集编制　24，859

中国湖泊水质、水量和生物资源调查　21，860

中国湖泊与沼泽动态变化监测数据库　12，60，858

中国极地科学数据库系统（极地所部分）　6，47，53，857

中国极地科学数据库系统　6，46，857

中国近海重要药用生物和药用矿物资源调查　28，692，778，779，780，781，782，783，784，
　　823，843，861

中国可持续发展共享平台建设　17，859

中国农村科学数据共享平台研究与服务体系建设　17，61，859

中国农业气候资源数字化图集编制　27，538，540，541，542，543，544，545，546，548，549，550，861

中国西北地区水资源水环境基础数据库系统　13，42，43，44，45，50，65，858

中国西部农业和生态的气候资源及灾害数据库　13，51，858

中华舆图志编制及数字展示　29，732，740，825，858

主要国家重点研发领域及主要科技计划和重大专项发展现状的调查与监测平台建设　34，786，787，788，789，790，791，792，793，794，795，796，797，798，799，858

CODATA 中国理化数据库（2001 年）　15，858

CODATA 中国理化数据库（2002 年）　15，20，858

WDC-D 数据规范化管理　5，53，857

目　　录

前言
索引（专题-拼音）

第 1 章　1999～2011 年科技基础性工作专项概述 1

第 2 章　1999～2011 年科技基础性工作专项资源与环境领域项目信息整编 4
 2.1 1999 年资源与环境领域立项项目信息 4
 2.2 2000 年资源与环境领域立项项目信息 8
 2.3 2001 年资源与环境领域立项项目信息 14
 2.4 2002 年资源与环境领域立项项目信息 16
 2.5 2006 年资源与环境领域立项项目信息 21
 2.6 2007 年资源与环境领域立项项目信息 25
 2.7 2008 年资源与环境领域立项项目信息 30
 2.8 2009 年资源与环境领域立项项目信息 34
 2.9 2011 年资源与环境领域立项项目信息 35

第 3 章　1999～2002 年科技基础性工作专项资源与环境领域项目成果汇编 37
 3.1 1999～2002 年资源与环境领域项目科学数据汇编 37
   3.1.1 测绘科学技术 37
   3.1.2 地球科学 38
   3.1.3 环境科学技术及资源科学技术 43
   3.1.4 农学 45
 3.2 1999～2002 年资源与环境领域项目标准规范汇编 46
   3.2.1 测绘科学技术 46
   3.2.2 地球科学 46
   3.2.3 环境科学技术及资源科学技术 50
 3.3 1999～2002 年资源与环境领域项目文献资料汇编 50
   3.3.1 专著 50
   3.3.2 考察/调研/测试分析/研究报告 51

第1章 1999～2011年科技基础性工作专项概述

科技基础性工作专项（special program on basic research work of sciences and technology）是指科学技术部和财政部为鼓励、支持国内科研院所以及高等院校等开展科技基础性工作而设立的重大科研计划。科技基础性工作（basic research work of sciences and technology）是指对基本科学数据、资料和相关信息（统称科技信息）进行长期系统的采集、整理与保存，以探索基本规律并推动这些科技信息的流动与使用的一项工作。科技基础性工作是科技发展的基石，具有基础性、长期性、系统性、科学性和共享性等明显特点，其本质目标是将通过考察、观测、探测、监测、调查、试验、实验以及编撰等方式获取到的数据、图集、志书/典籍、标本和样品等经过系统化、规范化的集成、整编后形成可直接共享利用的数据产品，以支撑科技创新、国家战略决策和社会经济的发展。

据不完全统计，我国自1999年启动科技基础性工作专项到"十一五"末，已经在气象、地理科学、生物学、农业、林业、医学、环境科学、材料科学等多个领域，设置了500多个项目。通过这些项目，产出了一批重要的科学数据、文字资料、图集、典籍、科学规范、标准物质、标本样品等。然而，到目前为止，绝大部分项目已结题的科技基础性工作数据资料没有得到有效的集成、整编、建库与挖掘，难以直接对外开放共享利用，影响了科技基础性工作本质目标的实现。尤为严重的是，由于缺乏国家层面的科技基础性工作数据资料的集成与整编环境，"十二五"期间结题的科技基础性工作专项或"十三五"期间启动的科技基础资源调查专项将会面临同样的问题，科技基础性工作成效下降，极大地影响了科技基础性工作数据资料的共享利用，限制了科学数据资源潜在科学价值、社会价值和经济价值的实现。

为规范和加强科技基础性工作专项项目科学数据汇交管理工作，促进项目产生的科学数据的共享与服务，2014年科学技术部颁发了《科技基础性工作专项项目科学数据汇交管理办法（试行）》，要求在项目验收前按照科技基础性工作专项项目任务书的考核指标和有关要求保质保量地完成数据汇交。《科技基础性工作专项项目科学数据汇交管理办法（试行）》中所指的科学数据是指科技基础性工作专项项目开展科学考察与调查产生的数据，整理历史资料形成的数据和科学典籍、志书、图集，编制的科学规范，标本资源和标准物质的基本信息，以及相关的辅助科学数据和工具软件等。为进一步加强和规范科学数据管理，保障科学数据安全，提高开放共享水平，更好地为国家科技创新、经济社会发展和国家安全提供支撑，2018年4月国务院办公厅印发了《科学数据管理办法》（国办发基〔2018〕17号），这是中国第一次在国家层面出台科学数据管理办法。《科学数据管理办法》要求对科技计划项目产生的科学数据进行强制性汇交，并通过科学数据中心进行规范管理和长期保存，同时按照"开放为常态、不开放为例外"的原则，明确为公益事业无偿服务的政策导向，充分发挥科学数据的重要作用。

在上述科技基础性工作专项数据资料急需规范化整编，以及科学数据汇交管理办法等政策支持的良好环境下，在科技基础性工作专项项目"科技基础性工作数据资料集成与规范化整编"（2013FY110900）的支持下，本书对1999～2011年科技基础性工作专项资源与环境领域立项的78个项目及其产出的759条数据成果的相关信息进行分类集成、规范化整编与系统分析研究，旨在促进已有科技基础性工作数据资料的广泛共享和有效利用，保障我国科技基础性工作数据资料长期、持续的集成与共享服务，大力提升我国科技基础性工作服务科技创新、国家战略决策和社会经济发展的能力。

依据《科技基础性工作专项项目科学数据汇交管理办法（试行）》中关于项目汇交的科学数据内容的相关要求，本次编研将项目成果分为6个类型，分别为科学数据、志书/典籍、标准规范、自然科技资源、计量基标准（物理部分）和文献资料。

1）科学数据是指通过考察、观测、探测、监测、调查、试验、实验以及编撰等方式获取到的资源与环境领域各类科学信息。

2）志书/典籍是指反映特定行政区域自然、政治、经济、文化和社会的历史与现状的地方志，以及记载国家或地区特定物种、资源分类、分布（如植物志、动物志），行业发展及管理的历史与现状记事（如江河水利志、现代建筑志）等；典籍是指古代重要图书和文献（如地学典籍《山海经》《水经注》），以及对语言文字或特定领域概念、术语进行汇编、释义、鉴别、图示、用法举例等的工具书（如药典）。

3）标准规范是指领域内共同遵守的准则和依据，主要包括公开规范和内部规范等。

4）自然科技资源是指用于支撑科研活动的基础性实物资料，主要包括植物种质、动物种质、微生物菌种、生物标本、岩矿化石标本、实验材料和标准物质等。

5）计量基标准是指为了定义、实现、保存、复现量的单位或者一个或多个量值，用作有关量的测量标准定值依据的实物量具、测量仪器、标准物质或者测量系统。

6）文献资料是指科技基础性工作专项项目所产生的专著、地图图集、研究报告、考察报告、调研报告、测试分析报告以及图片音像视频等媒体资料等。

第 2 章 1999～2011 年科技基础性工作专项资源与环境领域项目信息整编

本章主要对 1999～2011 年科技基础性工作专项资源与环境领域的 78 个项目的相关信息进行整编。需要说明的是，1999～2011 年因经费及其他条件限制等原因，我国于 2003～2005 年以及 2010 年暂停设立科技基础性工作专项。项目信息的具体描述内容包括项目立项时间、项目名称、项目编号、项目类型、学科类型、项目负责人、项目承担单位、主管部门以及项目摘要 9 项，具体说明如下。

1）由于 2000 年立项的科技基础性工作专项项目没有编号，在整编过程中优先选择项目名称的首字母进行编目；

2）项目名称、项目编号、项目负责人、项目承担单位均以项目任务书为准，部分承担单位名称有变化的，以脚注形式说明；

3）项目类型主要依据项目产出的成果类型进行划分，包括科学数据、志书/典籍、标准规范、自然科技资源、计量基标准和文献资料；

4）学科类型主要参考国家标准《学科分类与代码》（GB/T 13745—2009）的一级类进行划分；

5）项目摘要主要依据项目任务书中的工作内容及其考核指标进行总结凝练。

2.1 1999 年资源与环境领域立项项目信息

（1）地球科学数据库系统（WDC-D）—海洋学科数据库群建设

项目名称：地球科学数据库系统（WDC-D）—海洋学科数据库群建设

项目编号：G99-A-01b

项目类型：科学数据

学科类型：地球科学

项目负责人：侯文峰

项目承担单位：国家海洋信息中心

第 2 章　1999～2011 年科技基础性工作专项资源与环境领域项目信息整编

主管部门：国家海洋局[①]

项目摘要：项目旨在广泛收集国内外海洋资料源及其元数据信息；最大限度地收集国内外海洋资料，并对其进行标准化处理和质量控制；制定海洋资料元数据标准及资料标准化处理和质量控制、管理服务标准；建立海洋资料元数据库和海洋资料导航服务系统；改造、更新、完善现有数据库，新建部分数据库，形成海洋资料数据库群；建立国内外海洋资料管理与服务网络系统；提供海洋资料元数据信息和海洋资料及其基础性产品共享服务。

（2）地球科学数据库系统（WDC-D）—气象科学部分

项目名称：地球科学数据库系统（WDC-D）—气象科学中心

项目编号：G99-A-01c

项目类型：科学数据

学科类型：地球科学

项目负责人：裘国庆

项目承担单位：WDC-D 气象学科中心（国家气象中心）

主管部门：中国气象局

项目摘要：项目旨在建设由气象学科领域数据源目录（国内、国际）和基本数据属性描述组成的气象资料元数据库；整理成气象资料规范化、标准化的格式，建成综合的、系统的基本气象资料数据库群；建设以 WDC-D 为主体，以数据联机服务为内涵的 Internet（因特网）网站并满足用户基于 Internet 浏览器方式的检索请求，从而增强为国家和社会公众服务的能力，实现基本气象资料的共享和联机检索。

（3）地球科学数据库系统（WDC-D）数据规范化管理

项目名称：WDC-D 数据规范化管理

项目编号：G99-A-01e

项目类型：标准规范

学科类型：地球科学

项目负责人：施慧中

项目承担单位：自然资源综合考察委员会[②]

主管部门：中国科学院

项目摘要：项目旨在研究、制定地球科学相关学科的一系列数据规范标准，包括数据分类与编码、元数据标准、数据处理和质量控制标准、各数据中心根据各自学科或数据应用需求而编制的特定标准，以促进科学数据在更大更广的范围

[①] 现为自然资源部，下同。
[②] 现为中国科学院地理科学与资源研究所，下同。

内流动与共享，并在试行这些数据规范标准的基础上修改完善，颁布推广。

（4）中国极地科学数据库系统（极地所部分）

项目名称：中国极地科学数据库系统（极地所部分）

项目编号：G99-A-02a

项目类型：科学数据

学科类型：地球科学

项目负责人：董兆乾、程少华

项目承担单位：中国极地研究所[①]

主管部门：国家海洋局

项目摘要：项目旨在建立物理上分散、逻辑上集中、结构上开放的多数据库系统，即分期分批建成极地海洋科学数据库、极地-日物理数据库、极地气象数据库、极地地质学数据库、极地地球物理学数据库、极地制绘数据库和极地生态与环境数据库7个国家科学极地数据库，并通过镜像方式建成由7个国家极地科学数据库组成的中国极地科学数据库系统，并将此后的极地科学数据资源持续入库。

（5）[*]极地冰冻圈数据库建设

项目名称：极地冰冻圈数据库建设

项目编号：G99-A-02b

项目类型：科学数据

学科类型：地球科学

项目负责人：秦大河

项目承担单位：中国科学院寒区旱区环境与工程研究所[②]

主管部门：中国科学院

项目摘要：项目旨在以我国极地冰冻圈现有冰雪数据为基础，筛选部分与我国南极冰冻圈研究密切相关的国外数据，全面、系统地存储南极和北极地区冰盖、冰川、积雪、海冰、冰雪化学、地形及人文等方面的基础信息和观测资料，在一年时间内建成以冰雪数据为核心的极地冰冻圈数据库。

（6）大陆大气本底基准研究

项目名称：大陆大气本底基准研究

项目编号：G99-A-07

项目类型：科学数据

学科类型：地球科学

[①] 现为中国极地研究中心，下同。
[②] 现为中国科学院西北生态环境资源研究院，下同。
[*] 未进行科学数据汇交的项目，下同。

项目负责人：汤洁

项目承担单位：中国气象科学研究院

主管部门：中国气象局

项目摘要：项目旨在我国现有大陆大气本底基准监测和区域本底监测的基础上，通过增加国家投入，完善和强化现有监测能力和科研水平，进一步加强质量控制和保证，改进现有数据传输流程和初级数据库系统，形成一个覆盖我国大陆主要区域、可对全球和区域本底大气化学成分要素进行长期、精密、连续监测的体系，建立长期可靠的观测数据序列，以此尽可能地缩小我国与国外先进水平之间的差距。

（7）历史航空摄影数字化处理与建库

项目名称：历史航空摄影数字化处理与建库

项目编号：G99-A-10

项目类型：科学数据

学科类型：地球科学

项目负责人：李京伟

项目承担单位：国家基础地理信息中心

主管部门：国家测绘局[①]

项目摘要：项目旨在建立历史航空摄影底片影像数据库的管理、检索查询和分发服务系统，以数字化的形式保存和对外提供航空摄影资料，满足用户需求。具体内容包括开展中国典型区域（蚌埠、景德镇、新疆、兰州、漯河鲁西南）历史航空摄影底片（34 000 片）的扫描数字化处理工作；建立基于网络管理的历史航片影像数据库及元数据库，建立分发服务模式，并为进一步的工作提供良好的基础。

（8）海洋历史资料抢救

项目名称：海洋历史资料抢救

项目编号：G99-A-11

项目类型：科学数据

学科类型：地球科学

项目负责人：王宏、扬金森

项目承担单位：国家海洋局海洋发展战略研究所、国家海洋信息中心

主管部门：国家海洋局

项目摘要：项目旨在通过海洋历史资料抢救，基本查清国家海洋信息中心馆藏和已掌握线索的海洋历史资料的状况，并实施具体的分类抢救，完成收集到的

---

① 现并入自然资源部，下同。

海洋历史资料的标准化处理、质量控制以及将抢救获得的海洋历史资料及时更新到海洋资料数据库群中；建立海洋历史资料抢救信息库；开发制作海洋资料基本场产品，向国家和社会提供资料及产品共享服务。

2.2　2000年资源与环境领域立项项目信息

(1) *暴雨基础数据库的建设

项目名称：暴雨基础数据库的建设

项目编号：无

项目类型：科学数据

学科类型：地球科学

项目负责人：涂松柏、李武阶

项目承担单位：中国气象局武汉暴雨研究所

主管部门：湖北省气象局

项目摘要：项目旨在建立暴雨基础数据库系统来管理数据，同时建立一套集历史资料查询、时事资料接收、可实时运行为一体的服务系统。主要工作内容包括历史资料收集整理、数据文档规范制定及功能规格书编写、数据库系统建立与维护、数据库资料检索显示分析和公里网站建立并提供服务。

(2) *国家基础研究管理数据库

项目名称：国家基础研究管理数据库

项目编号：无

项目类型：科学数据

学科类型：地球科学

项目负责人：董树文

项目承担单位：中国地质科学院地质力学研究所

主管部门：国土资源部①

项目摘要：项目旨在建立翔实、可靠、规范的国家基础研究管理信息系统，有效地利用和共享基础研究管理信息，提高基础研究管理效率，使有限的基础研究经费发挥更大的效能，促进我国科技创新。预期建设中国基础研究管理数据库系统，全面收集和整理中国基础研究管理方面的资料和数据，建立和运行中国基础研究网站，使其成为中国科学界的第一门户网站。

---

① 现为自然资源部，下同。

(3) 海洋科技重点数据库

项目名称：海洋科技重点数据库

项目编号：无

项目类型：科学数据

学科类型：地球科学

项目负责人：王宏、林邵花

项目承担单位：国家海洋局海洋发展战略研究所

主管部门：国家海洋局

项目摘要：项目旨在将收集到的海洋基础地理数据、海洋浮标数据、海洋经济资源数据进行标准化处理和质量控制。通过广泛的用户需求调查分析，应用现代信息技术，设计和建立起海洋浮标资料数据库、海洋经济与资源数据库、1：100万和1：50万基础地理数据库与重点海域海底基础环境空间数据库，实现资料处理自动化、标准化，信息管理现代化，资料产品科学化和多样化，实现原始数据信息网络服务进而达到信息共享，为国家经济、国防建设和海洋科学研究工作提供高效服务。

(4) 建立中国海洋标准物质体系

项目名称：建立中国海洋标准物质体系

项目编号：无

项目类型：标准规范

学科类型：地球科学

项目负责人：吕海燕

项目承担单位：国家海洋局第二海洋研究所

主管部门：国家海洋局

项目摘要：项目旨在根据国内外海洋标准物质的发展状况及趋势，对不同种类的海洋标准物质进行分析，从与海洋监测、海洋调查密切相关的项目入手，结合海洋环境的特点，从海水、生物、沉积物以及物理特性和仪器设备等不同方面进行海洋标准物质研究，制订海洋标准物质体系。

(5) 全国生态环境综合数据库与监测信息网络

项目名称：全国生态环境综合数据库与监测信息网络

项目编号：无

项目类型：科学数据

学科类型：地球科学

项目负责人：孟伟

项目承担单位：中国环境科学研究院

主管部门：国家环境保护总局[1]

项目摘要：项目旨在制定全国生态环境综合数据库的数据标准、编码规范以及元数据标准，保证全国生态环境综合数据库满足绝大多数数据用户对数据本身以及数据格式转换工具的要求。在统一的数据标准和规范下，集成和建设全国生态环境的自然要素综合空间信息数据库与元信息库，形成具有统一数据编码、准确的空间坐标、可检验的数据精度、完善的元数据表达、支持多种数据转换格式和支持多种系统平台的数据集中式生态环境综合数据库群。

（6）海洋信息质量与标准体系建设

项目名称：海洋信息质量与标准体系建设

项目编号：无

项目类型：标准规范

学科类型：地球科学

项目负责人：林邵花、石绥祥

项目承担单位：国家海洋局天津海水淡化与综合利用研究所

主管部门：国家海洋局

项目摘要：项目旨在提高国内海洋信息的共享程度和我国的海洋信息国际服务水平，建立统一的信息质量体系和标准体系，通过编制信息质量体系文件，确定信息质量管理的方针、目标和职责，进行海洋信息管理，定期对信息质量体系、过程、产品、服务进行审核和评价，建立完整、全面有效的信息质量保障体系，确保提供的海洋信息产品符合质量要求。同时研究国内外有关政策法规和管理体制、海洋信息质量管理标准体系、海洋信息数据共享现状等，制定海洋信息质量与标准体系。

（7）全国水环境信息数据库

项目名称：全国水环境信息数据库

项目编号：无

项目类型：科学数据

学科类型：地球科学

项目负责人：李纪人、黄诗峰、周怀东

项目承担单位：水利部遥感技术应用中心[2]

主管部门：水利部

项目摘要：随着水污染日趋严重，开发针对水资源水环境保护管理实际需求的全国水环境信息数据库，为水资源水环境保护部门提供更完善的决策服务的需

---

[1] 现为生态环境部，下同。
[2] 现为中国水利水电科学研究院遥感技术应用中心，下同。

求越来越迫切。项目旨在建立一个基于 GIS 的全国重点地区水环境信息数据库及其管理系统，并实现网络发布与信息共享。具体任务是建立全国水环境信息数据库，建立基于 GIS 的水环境信息管理系统，以空间数据关联为基础进行数据动态加载，并实现水环境信息共享与发布。

（8）西部地区资源环境基础空间数据库

项目名称：西部地区资源环境基础空间数据库

项目编号：无

项目类型：科学数据

学科类型：地球科学

项目负责人：刘纪平

项目承担单位：中国测绘科学研究院

主管部门：国家测绘局

项目摘要：项目旨在针对国家对西部地区资源环境信息管理和应用的紧迫需求，在已有空间数据和技术的基础上，通过空间信息技术的综合集成应用，构建涵盖地形、土地利用/土地覆盖、交通、人口、河网等信息的多级比例尺的综合数据库，为不同层次、不同部门的用户提供可靠的西部地区资源环境基础空间信息服务，从而满足西部地区开发科学决策的需要。

（9）西部社会、经济、资源和环境综合数据库

项目名称：西部社会、经济、资源和环境综合数据库

项目编号：无

项目类型：科学数据

学科类型：地球科学

项目负责人：文兼武

项目承担单位：统计科学研究所

主管部门：国家统计局

项目摘要：项目旨在建立一个由西部 12 个省（自治区、直辖市）的社会、经济、资源和环境等基本统计资料构成的可查询的大型综合数据库系统。该综合数据库系统主要以计算机网络为依托，为党政机关、企事业单位、全社会各类用户，以及国内外经济贸易、投资机构提供查询服务，也可为有关部门和个人科学地研究西部大开发提供翔实、系统、全面、及时的统计资料。

（10）西部资源、生态环境基础数据库建设

项目名称：西部资源、生态环境基础数据库建设

项目编号：无

项目类型：科学数据

学科类型：地球科学

项目负责人：李增元、孙九林、张旭

项目承担单位：中国林业科学研究院资源信息研究所

主管部门：国家林业局[①]

项目摘要：项目旨在在统一标准和规范的指导下，建成西部10个省（自治区、直辖市）（新疆、青海、甘肃、宁夏、陕西、四川、重庆、云南、贵州、西藏）以土地资源、水资源、森林资源、草地资源四类资源为主体的土地生态环境、水生态环境、森林生态环境、草地生态环境综合性属性基础数据库，以及陕西全省的空间数据库系统，从而从国家级和省级的角度对该地区的资源开发和生态环境防治决策提供科学依据，为该地区资源开发研究和生态环境综合治理科学研究和知识创新提供数据基础，为区域基础科学数据的积累和共享提供典范。

（11）长江上游生态环境变化监测网络与数据库建设

项目名称：长江上游生态环境变化监测网络与数据库建设

项目编号：无

项目类型：科学数据

学科类型：地球科学

项目负责人：陈忠明

项目承担单位：四川省气象科学研究所[②]

主管部门：中国气象局

项目摘要：项目旨在充分收集整理历史观测资料，并持续开展气候变化和生态环境变化监测；借助气象部门现有通信传输网，建立气候与生态环境变化监测数据库，提供监测分析结果，为客观、科学地评价生态环境建设的效益提供可靠数据。

（12）中国湖泊与沼泽动态变化监测数据库

项目名称：中国湖泊与沼泽动态变化监测数据库

项目编号：无

项目类型：科学数据

学科类型：地球科学

项目负责人：路京选、李纪人、杨仁平、邓伟

项目承担单位：水利部遥感技术应用中心、湖南气象科学研究所、中国科学

---

① 现并入自然资源部，下同。
② 现为中国气象局成都高原气象研究所，下同。

院长春地理研究所[①]

主管部门：水利部

项目摘要：目前我国在湖泊和沼泽的综合调查方面的考察研究积累的资料分散且标准不统一，难以为全国所共享，而且有关资料的数据处理手段较为原始，不能满足快速的决策要求。因此，建立统一全面的全国湖泊沼泽动态变化监测数据库既重要又紧迫。项目旨在通过利用网际网络、GIS 和遥感等高新技术实现这一目标，主要研究内容包括全国湖泊沼泽动态变化监测数据库的建成、全国湖泊沼泽生态环境动态变化分析以及相应的学术研究和学术交流成果等。

（13）中国西北地区水资源水环境基础数据库系统

项目名称：中国西北地区水资源水环境基础数据库系统

项目编号：无

项目类型：科学数据

学科类型：地球科学

项目负责人：魏永富、李海生

项目承担单位：水利部牧区水利科学研究所

主管部门：水利部

项目摘要：西北地区矿产、土地、草地资源丰富，经济发展潜力巨大，但区域地处干旱、半干旱地区，生态环境脆弱，因此建立该地区的水资源水环境基础数据库，实施动态监测十分必要。项目旨在建立中国西北地区水资源水环境基础数据库，包括空间数据库和基础数据库，并建立开放式的数据库信息管理系统以根据用户访问不同层次的各类信息。

（14）中国西部农业和生态的气候资源及灾害数据库

项目名称：中国西部农业和生态的气候资源及灾害数据库

项目编号：无

项目类型：科学数据

学科类型：地球科学

项目负责人：王建林、林日暖、高梅

项目承担单位：中国气象科学研究院

主管部门：中国气象局

项目摘要：项目旨在收集西部地区 1961～2000 年农业数据资料、主要气象观测台资料、西部农业气象观测站资料和农业气象灾情数据，形成农业和生态背景数据库、农业气候资源数据库以及农业气象灾害数据库。

[①] 现为中国科学院东北地理与农业生态研究所，下同。

2.3　2001年资源与环境领域立项项目信息

(1)《海洋调查规范》修订

项目名称：《海洋调查规范》修订

项目编号：2001DEA20025

项目类型：标准规范

学科类型：地球科学

项目负责人：李家彪

项目承担单位：国家海洋局第二海洋研究所

主管部门：国家海洋局

项目摘要：项目旨在修订原《海洋调查规范》的总则、水文、气象、物理、化学、生物、地质地球物理、资料8个系列标准，同时新增海底地形地貌、工程地质、污染、遥感真实性检验4个国家标准和赤潮、生态两个调查指南。

(2) 中国地球科学数据中心完善与服务

项目名称：中国地球科学数据中心完善与服务

项目编号：2001DEA30027

项目类型：科学数据

学科类型：地球科学

项目负责人：赵逊、孙九林

项目承担单位：中国地质科学院

主管部门：国土资源部

项目摘要：项目旨在完善 WDC-D 九个学科中心并提供服务，在此基础上建立中国地球科学数据共享网络，促进地球科学的创新和满足国家建设需要。主要任务包括用户需求分析、数据分类编码及优先级别确定、数据源调查及筛选、元数据标准及元数据库建设、主体库群建设、共享规则制定及共享网络服务体系构建、国际数据资源引进、数据归档及提交办法、数据管理的理论与方法等。

(3) 气象资料共享系统建设

项目名称：气象资料共享系统建设

项目编号：2001DEA30029

项目类型：科学数据

学科类型：地球科学

项目负责人：徐祥德、李集明

项目承担单位：中国气象科学研究院

主管部门：中国气象局

项目摘要：项目旨在开展气象资料共享保障体系研究；进行数据资源建设，整理加工基础气象资料，进行数字化前期技术研究和实验；建设以共享为目的的结构规范的气象资料数据库群；开发可视化、分布式的气象资料共享网络服务平台，为各领域用户，特别是国家重大工程和重点科研项目提供气象资料服务。

(4) *CODATA 中国理化数据库

项目名称：CODATA 中国理化数据库

项目编号：2001DEA30041

项目类型：科学数据

学科类型：地球科学

项目负责人：张荣华

项目承担单位：中国地质科学院矿产资源研究所

主管部门：国土资源部

项目摘要：项目旨在完成 CODATA 中国理化数据中心群及其服务系统的建设。主要任务包括 CODATA 中国理化数据总中心、中国核数据中心、中国原子分子数据中心、中国化学化工科技数据中心、中国地球热力学和化学动力学数据中心、中国航空材料数据中心、中国饲料科技数据中心等的建设。

(5) *气象地面高空自动观测仪器检测技术和规范

项目名称：气象地面高空自动观测仪器检测技术和规范

项目编号：2001DEB20063

项目类型：标准规范

学科类型：地球科学

项目负责人：吕文华

项目承担单位：中国气象科学研究院

主管部门：中国气象局

项目摘要：项目旨在在大量野外和实验室实验的基础上制定自动气象站（automatic weather station，AWS）监测技术规范、自动气象站现场校准技术规范和自动气象站实验室检定方法。

(6) 全球热带气旋资料库

项目名称：全球热带气旋资料库

项目编号：2001DEB30071

项目类型：科学数据

学科类型：地球科学

项目负责人：雷小途

项目承担单位：上海台风研究所（上海气象科学研究所）[①]

主管部门：中国气象局

项目摘要：项目旨在收集并整编全球范围内热带气旋的中心位置、中心最低气压、中心附近最大风速、热带气旋影响或登陆我国时的风雨分布等资料，建立基于通用数据库的全球资料库，并研制用户自定义检索条件、资料库的程序调用等功能。

（7）*科技基础数据共享政策与立法的前期研究

项目名称：科技基础数据共享政策与立法的前期研究

项目编号：2001DEB30083

项目类型：标准规范

学科类型：地球科学

项目负责人：李晓波、董树文

项目承担单位：中国地质科学院

主管部门：国土资源部

项目摘要：项目旨在通过深入研究以美国为代表的国外科学基础数据共享管理政策体系和分析国内科学基础数据管理工作的现状，明确我国科学基础数据共享政策的体系框架，研究制定国家科学计划数据汇交管理与共享服务办法，提出我国科学基础数据共享法律的框架建议。

2.4　2002年资源与环境领域立项项目信息

（1）*科学数据共享技术平台与标准框架研究

项目名称：科学数据共享技术平台与标准框架研究

项目编号：2002DEA30028

项目类型：标准规范

学科类型：其他

项目负责人：李晓波、戴爱德

项目承担单位：中国地质科学院地质研究所

主管部门：国土资源部

项目摘要：项目旨在通过调查研究、综合分析和集成，从顶层设计国家科学数据共享技术平台体系，建立我国科学数据共享与分发服务的标准体系框架，提出科学数据共享技术平台解决方案，并通过共享服务网技术平台建设示范，推动

[①] 现为中国气象局上海台风研究所，下同。

整个科学数据共享工程的发展。

（2）中国地球科学数据中心完善与共享平台建设

项目名称：中国地球科学数据中心完善与共享平台建设

项目编号：2002DEA30030

项目类型：科学数据

学科类型：地球科学

项目负责人：赵逊、孙九林

项目承担单位：中国地质科学院

主管部门：国土资源部

项目摘要：中国地球科学数据中心完善部分，各学科的主要研究内容包括建立数据标准规范；国内国际数据资源清查；数据中心网站建立。中国地球系统科学数据共享平台建设部分，主要内容包括引进国际数据资源；挖掘收集数据资源，经过统一整理和分类上网提供服务；联合相关数据中心开发数据集；开展共享服务的政策规范和技术研究，开发设计相关软件系统，发布本学科领域科研活动集前沿等。

（3）*中国可持续发展共享平台建设

项目名称：中国可持续发展共享平台建设

项目编号：2002DEA30035

项目类型：科学数据

学科类型：地球科学

项目负责人：傅小锋

项目承担单位：中国21世纪议程管理中心

主管部门：科学技术部

项目摘要：项目旨在建立并完善中国可持续发展共享平台，初步建立中国可持续发展共享信息数据中心，开发信息共享技术平台，完善共享机制，建立安全管理体系，进行科学数据共享门户网站框架设计。

（4）中国农村科学数据共享平台研究与服务体系建设

项目名称：中国农村科学数据共享平台研究与服务体系建设

项目编号：2002DEA30036

项目类型：科学数据

学科类型：其他

项目负责人：陈良玉

项目承担单位：中国农村技术开发中心

主管部门：科学技术部

项目摘要：项目旨在解决农村科学数据共享难、农民获得科学数据难等农业信息化建设中的主要问题，利用政府、科研部门和企业的合作，通过数据整合、平台搭建、基层站点配套、管理落实等技术措施，建立中国农村科学数据共享平台，为解决信息传输的"最后1公里"问题，加快农业信息化建设做出贡献。

（5）气象资料共享系统建设

项目名称：气象资料共享系统建设

项目编号：2002DEA30041

项目类型：科学数据

学科类型：地球科学

项目负责人：李集明、熊安元

项目承担单位：中国气象科学研究院

主管部门：中国气象局

项目摘要：项目旨在开展气象资料共享保障技术研究；进行数据资源建设，整理加工基础气象资料；建设以共享为目的的结构规范的气象资料数据库群；开发可视化、分布式的气象资料共享网络服务平台，为各领域用户，特别是国家重大工程和重点科研项目提供气象资料服务。

（6）水文水资源信息共享服务

项目名称：水文水资源信息共享服务

项目编号：2002DEA30046

项目类型：科学数据

学科类型：地球科学

项目负责人：贾金生

项目承担单位：中国水利水电科学研究院

主管部门：水利部

项目摘要：项目旨在研究创建水文水资源基础数据共享服务体系，编制水文水资源基础数据共享相关技术标准、管理制度和共享政策，为水文水资源基础数据共享提供技术和政策保障，初步建成国家水文水资源基础数据共享发布平台；整合、改造全国水文水资源基础数据资源，建立共享示范，初步实现全国重要水文站实时水文资料、历史整编水文资料、部分水环境及地下水资料的共享，形成长期、稳定的科学数据共享运行机制，为建立全国水环境基础数据共享奠定基础。

（7）*国家环境数据库建设与服务

项目名称：国家环境数据库建设与服务

项目编号：2002DEA30047

项目类型：科学数据

学科类型：环境科学技术及资源科学技术

项目负责人：陈复

项目承担单位：中国环境科学研究院

主管部门：环境保护部

项目摘要：项目旨在进一步完善国家环境背景信息分类编码与元数据的规范标准文本、元数据工具软件；建立包括环境基础、环境管理、农业环境和林业环境在内的环境空间元数据库；实现中控网主中心扩展及其与环保分中心的集成；建立环境示范数据库系统，并建立数据库与元数据库之间的对应关系；提供一个具有元数据导航、信息管理、分析、查询和发布功能的环境信息共享与服务技术平台，实现24h不间断服务，并通过广域互联网方式向有关政府部门、科研院校和社会提供实时环境信息共享服务。

（8）海洋调查新标准制定

项目名称：海洋调查新标准制定

项目编号：2002DEB20068

项目类型：标准规范

学科类型：地球科学

项目负责人：李家彪

项目承担单位：国家海洋局第二海洋研究所

主管部门：国家海洋局

项目摘要：项目旨在对开展海底地形地貌调查制订标准，拟分一般规定、地形地貌测量方法（地形-单波束和多波束测深，地貌-侧扫声呐）、海上测量、测量信息的校正与改正、资料整理与成图、调查成果共6部分。并制定海洋工程地质调查标准，主要包括总则、一般调查（地形地貌、底质）引用相关标准、海岸泥沙动态调查、地震安全性评价、构造活动性调查、底土物理力学性质调查、灾害地质调查、底土腐蚀性调查和特殊海洋工程勘察与评价基本要求。

（9）海岸带遥感调查规范制定

项目名称：海岸带遥感调查规范制定

项目编号：2002DEB20069

项目类型：标准规范

学科类型：地球科学

项目负责人：张杰

项目承担单位：国家海洋局第一海洋研究所

主管部门：国家海洋局

项目摘要：项目旨在制定海岸带遥感调查规范。该规范由四部分组成，分别是海岸带遥感调查规范总则、遥感数据预处理方法、海岸带要素遥感信息提取和专题图制作。

（10）*CODATA 中国理化数据库

项目名称：CODATA 中国理化数据库

项目编号：2002DEB30084

项目类型：科学数据

学科类型：地球科学

项目负责人：张荣华

项目承担单位：中国地质科学院矿产资源研究所

主管部门：国土资源部

项目摘要：项目旨在建设和完善 CODATA 中国理化数据库群、1个总中心和4个专业数据中心，构建数据共享的基础环境，研究制定数据共享的标准和规范，开发数据共享门户网站和技术平台，实现中国理化数据的规范化建设、有效管理和共享服务。

（11）*科学数据共享发布策略和评估方法研究

项目名称：科学数据共享发布策略和评估方法研究

项目编号：2002DEB30096

项目类型：标准规范

学科类型：其他

项目负责人：王金星

项目承担单位：中国气象科学研究院

主管部门：中国气象局

项目摘要：项目旨在在深入调查与研究的基础上，提出科学数据共享发布策略和效益评估方法建议草案，以及试点单位遴选原则。

（12）西北人文资源环境基础数据库

项目名称：西北人文资源环境基础数据库

项目编号：2002DEB30089

项目类型：科学数据

学科类型：其他

项目负责人：方李莉

项目承担单位：中国艺术研究院

主管部门：文化部

项目摘要：项目在历史与综合环境的背景下，运用唯物史观，对民族与民间风俗、民间音乐、民间美术、民间工艺、民间戏曲、民间舞蹈等多方面的资源进行了整合。

2.5 2006年资源与环境领域立项项目信息

(1) *中国冰川资源及其变化调查
项目名称：中国冰川资源及其变化调查
项目编号：2006FY110200
项目类型：科学数据
学科类型：地球科学
项目负责人：刘时银
项目承担单位：中国科学院寒区旱区环境与工程研究所
主管部门：中国科学院
项目摘要：项目旨在进行第一次冰川编目的数字化，现状年（2005～2006年）西北干旱区和其他典型区冰川（湖）分布遥感调查，遥感冰川制图地面验证，典型冰川厚度测量与冰川变化野外调查，数据综合分析及冰川变化影响评估，以及冰川资源及其变化调查信息共享平台建设。

(2) *海南岛及西沙群岛生物资源考察
项目名称：海南岛及西沙群岛生物资源考察
项目编号：2006FY110500
项目类型：科学数据
学科类型：生物学
项目负责人：黄大卫
项目承担单位：中国科学院动物研究所
主管部门：中国科学院
项目摘要：项目旨在对海南岛及附近岛屿、西沙群岛主要岛屿组织考察、采集生物标本，之后进行标本制作、标本鉴定和馆藏标本整理，应用数据库、地理信息系统和多媒体技术建立海南岛生物物种资源基础数据库及其信息管理和发布系统，并比较不同基因对物种的识别作用。

(3) *中国湖泊水质、水量和生物资源调查
项目名称：中国湖泊水质、水量和生物资源调查
项目编号：2006FY110600
项目类型：科学数据
学科类型：地球科学
项目负责人：杨桂山

项目承担单位：中国科学院南京地理与湖泊研究所

主管部门：中国科学院

项目摘要：项目旨在对我国湖泊资源数量、面积与分布进行遥感调查，在对我国主要湖泊水量、水质与生物资源现状进行调查的基础上，分析不同区域湖泊水量与水质变化状况及其原因，评估湖泊变化对区域资源环境演变与经济发展的影响。同时，对湖泊编目、分类和功能定位以及湖泊数据库建设进行整理和更新。

（4）库姆塔格沙漠综合科学考察

项目名称：库姆塔格沙漠综合科学考察

项目编号：2006FY110800

项目类型：科学数据

学科类型：地理学

项目负责人：卢琦

项目承担单位：中国林业科学研究院林业研究所

主管部门：国家林业局

项目摘要：项目旨在对库姆塔格沙漠的分布和沙丘类型及形态进行了考察，并对沙漠形成对青藏高原隆升及全球变化的响应进行了探究。同时，对沙漠区的水系、沙漠植物、植被、土壤气候进行考察研究。

（5）*科技统计数据采集加工分析与相关基础工作

项目名称：科技统计数据采集加工分析与相关基础工作

项目编号：2006FY130100

项目类型：标准规范

学科类型：其他

项目负责人：杨起全

项目承担单位：中国科学技术促进发展研究中心[①]

主管部门：科学技术部

项目摘要：项目旨在组织研究并提出科技指标及科技统计标准、规范；组织科技统计调查、审核、发布科技统计资料，以及专项统计的协调工作；组织科技统计分析、评价和监测工作；负责联系有关国际组织的科技统计业务；建立和完善科技统计数据库及统计信息网络。

（6）青藏高原低涡、切变线年鉴的研编

项目名称：青藏高原低涡、切变线年鉴的研编

项目编号：2006FY220300

---

① 现为中国科学技术发展战略研究院，下同。

项目类型：文献资料

学科类型：地球科学

项目负责人：李跃清

项目承担单位：中国气象局成都高原气象研究所

主管部门：中国气象局

项目摘要：项目旨在对高原低涡、切变线进行系统分析，尤其是对东移出高原的高原低涡、切变线进行系统分析，整理、汇编成高原低涡、切变线年鉴，为深入系统研究高原低涡、切变线天气系统东移提供基础性资料服务，为政府决策、防灾减灾提供科学依据。也可为深化高原低涡、切变线天气系统东移影响暴雨洪涝、泥石流滑坡灾害的成因与预报等方面的创新性认识提供保障，为灾害性天气预报提供有价值的参考依据，对天气预报轨道业务发展起到支撑作用，对经济社会发展、公共安全有积极意义。

（7）深海沉积物分类与命名

项目名称：深海沉积物分类与命名

项目编号：2006FY220400

项目类型：标准规范

学科类型：地球科学

项目负责人：张富元

项目承担单位：国家海洋局第二海洋研究所

主管部门：国家海洋局

项目摘要：项目旨在在搜集整理国内外深海沉积物分析数据资料的基础上，对深海沉积物的物质组成和物理指标、来源、成因和沉积作用，以及$CaCO_3$、SiO_2与钙质生物、硅质生物之间量化关系进行深入探究，并对建立的深海沉积物分类与命名方案和图解进行说明，完成典型深海区的深海沉积物分类与命名及沉积物类型分布图编制。

（8）地学研究中的重要标准物质研制

项目名称：地学研究中的重要标准物质研制

项目编号：2006FY220500

项目类型：自然科技资源

学科类型：地球科学

项目负责人：屈文俊

项目承担单位：中国地质科学院国家地质实验测试中心

主管部门：国土资源部

项目摘要：项目旨在围绕当前资源环境研究领域热点问题，研制为了研究铜镍硫化物和海山富钴结壳的 Re、Os 含量及 Os 同位素比值、玻璃态硅酸盐微区原位痕量元素分析，以及超细粒度的海湾、河口沉积物等急需的标准物质，并对地球化学分析类标准资源进行收集整合，解决该领域由缺乏标准而导致科学研究和资源环境调查数据缺乏科学评判依据的问题。通过有计划地开展地学研究中的重要标准物质研制和标准资料的收集整理，逐步形成地质标准体系，推动地质科技基础工作。

(9) *中国海及邻近西北太平洋海洋生物物种编目和分布图集编制

项目名称：中国海及邻近西北太平洋海洋生物物种编目和分布图集编制

项目编号：2006FY220700

项目类型：科学数据

学科类型：地球科学

项目负责人：林茂

项目承担单位：国家海洋局第三海洋研究所

主管部门：国家海洋局

项目摘要：项目旨在对中国海及邻近西北太平洋海区小型底栖生物种类组成、总丰度及其主要类别平面分布，中国海海洋微型生物的种类组成、总丰度和分布，西北太平洋浮游植物种类组成、总丰度和分布，西北太平洋浮游植物主要类别，如硅藻、甲藻和蓝藻总丰度和分布，以及西北太平洋浮游植物优势种总丰度和分布；西北太平洋浮游动物种类组成、总丰度和分布，西北太平洋浮游动物主要类别，如桡足类、介形类、管水母类、水螅水母类、毛颚类、被囊类等总丰度和分布，以及西北太平洋浮游动物主要类别优势种丰度和分布进行研究。

(10) *我国环境毒理、风险评估与基准

项目名称：我国环境毒理、风险评估与基准

项目编号：2006FY220800

项目类型：标准规范

学科类型：环境科学技术及资源科学技术

项目负责人：胡林林

项目承担单位：中国环境科学研究院

主管部门：国家环境保护总局

项目摘要：项目旨在系统整理国内外生态毒理及环境健康研究成果，针对环境污染化学物质，形成我国环境毒理、风险评估与基准信息资料汇编。信息资料将用于国家有关平台的建设，为政府和科研机构提供基于环境污染化学物质的信息检索（重点污染物几十种，其他污染物几百种），对于重点污染物，信息资料中将包括其基本特性、环境来源、生态及人体暴露途径和水平、生态和健康毒理试验结果、风险评估计算方法及主要参数、环境基准与有关标准以及有关环境事件

记录等其他相关内容等方面的详细信息；对于其他污染物，提供以上所述方面的简要信息。该信息资料汇编可为政府和科研机构开展环境污染事故应急、环境标准制修订、环境规划、环境评价以及环境污染控制等工作提供技术参考依据，为生态毒理及环境健康研究提供基础信息。

2.6 2007年资源与环境领域立项项目信息

（1）青藏高原特殊生境下野生植物种质资源的调查与保存

项目名称：青藏高原特殊生境下野生植物种质资源的调查与保存

项目编号：2007FY110100

项目类型：自然科技资源

学科类型：生物学

项目负责人：孙航

项目承担单位：中国科学院昆明植物研究所

主管部门：中国科学院

项目摘要：项目旨在对青藏高原特殊生境中的植物资源进行全面的调查及评估，包括植物标本、群落、生境、经济用途、种群数量和地理分布等，对特殊生境中物种丰富度、密度或多样性沿经纬度或海拔梯度分布格局进行调查分析，并编制植物多样性区划；采集种子等繁殖体及遗传物质材料，对其种质资源进行保存，在GIS软件平台上构建青藏高原特殊生境下植物资源信息数据库，包括多种空间数据与属性数据，形成方便快捷的信息查询系统，并能根据用户的需要输出各种图集和资料。

（2）中国北方及其毗邻地区综合科学考察

项目名称：中国北方及其毗邻地区综合科学考察

项目编号：2007FY110300

项目类型：科学数据

学科类型：地球科学

项目负责人：董锁成

项目承担单位：中国科学院地理科学与资源研究所

主管部门：中国科学院

项目摘要：项目旨在通过对中国北方及其毗邻地区（黄河以北的中国东北、华北和西北部分地区、蒙古国全境、俄罗斯西伯利亚的赤塔、伊尔库茨克、布里亚特以及远东部分地区）的综合野外科学考察，系统获取该地区的地理背景、自然资源、生态环境、人类活动与社会经济本底数据，制作系列图集；掌握该地区自然资源、生态环境时空格局，城镇演变与社会经济发展模式；整合集成科学考察成果，建立南北样带系列梯度，形成系列科学考察报告，构建中国北方及其毗邻地区综合考察数据集群。

（3）东北森林植物种质资源专项调查

项目名称：东北森林植物种质资源专项调查

项目编号：2007FY110400

项目类型：自然科技资源

学科类型：林学

项目负责人：韩士杰

项目承担单位：中国科学院沈阳应用生态研究所

主管部门：中国科学院

项目摘要：项目旨在资料收集和群落特征系统调查的基础上，全面获取东北森林植物种质资源信息，摸清植物种质资源现状，完成植物物种编目、相关数据集并绘制相关图件；广泛收集植物种质材料和植物标本，弥补东北林区现有馆藏标本采集薄弱区的不足，丰富国家馆藏标本资源；分析植物种质资源变化动态，对种质资源利用与保护现状进行综合评估；建立东北森林植物种质资源调查信息共享平台；为植物资源学等学科服务于区域资源和经济持续发展以及生态建设实践提供科学依据。

（4）我国东部整层大气重要参数高分辨垂直分布探查

项目名称：我国东部整层大气重要参数高分辨垂直分布探查

项目编号：2007FY110700

项目类型：科学数据

学科类型：地球科学

项目负责人：王英俭

项目承担单位：中国科学院合肥物质科学研究院

主管部门：中国科学院

项目摘要：项目旨在在现有技术设备的基础上，通过必要的完善和补充，形成配套的实验观测系统和技术标准及观测规范；开展臭氧、气溶胶、二氧化碳以及相关的温度、水汽和风等同步测量研究；利用已积累的高中低空重要大气参数数据和同步配套综合测量数据及卫星数据，建立我国东部整层大气重要参数（臭氧、气溶胶、二氧化碳以及相关的温度、水汽和风等）高分辨垂直分布数据库，进行统计分析，建立统计模式；并建立数据和统计模式的规范与标准，为环保、气象、高分辨对地遥感等提供服务。

(5) 秦巴山区生态群落与生物种质资源调查

项目名称：秦巴山区生态群落与生物种质资源调查
项目编号：2007FY110800
项目类型：科学数据
学科类型：生物学
项目负责人：杨改河
项目承担单位：西北农林科技大学
主管部门：教育部
项目摘要：项目旨在通过对秦巴山区植物生态群落和野生经济植物种质资源的系统调查研究和科学数据集成以及实物标本资料的汇交，建立系统、连续、规范、可扩展并符合国家科技基础平台要求的秦巴山区植物生态群落和野生经济植物种质资源数据管理系统和网络共享服务系统，提供秦巴山区植物生态群落类型的分布、面积、属性信息，各类型群落的植物种类容量、建群种、土壤、气候、水文等生境因子信息，最终实现与国家科技基础平台的有效对接和共享。

(6) 中国农业气候资源数字化图集编制

项目名称：中国农业气候资源数字化图集编制
项目编号：2007FY120100
项目类型：文献资料
学科类型：地球科学
项目负责人：梅旭荣
项目承担单位：中国农业科学院农业环境与可持续发展研究所
主管部门：农业部[①]
项目摘要：项目旨在围绕我国农业生产和科研的战略需求，应用现代信息技术手段，整合农业气候资源数据和制定制图标准规范；再基于中国农业气候资源数据库，采用1∶25万和1∶100万国家基础地理信息底图，根据农业气候资源制图规范，制作农业气候资源数字化图集，对农业气候资源数字化样图进行验证，编制"中国农业气候资源数字化图集"，为高效利用农业气候资源、合理布局农业生产结构、趋利避害、应对气候变化、保障农业可持续发展提供基础数据支撑。

(7) *额尔古纳河流域湿地水文、生态调查

项目名称：额尔古纳河流域湿地水文、生态调查
项目编号：2007FY210100
项目类型：科学数据

---

① 现为农业农村部，下同。

学科类型：地球科学

项目负责人：李翀

项目承担单位：中国水利水电科学研究院

主管部门：水利部

项目摘要：项目旨在通过对额尔古纳河流域湿地水文、生态环境的野外长期系统调查和样品实测，结合对历史研究文献、长系列的空间遥感图像的解译等资料收集整理，获取该流域第一手的水文、生态基础数据；在大量实测数据的基础上，综合运用水科学、环境科学、生命科学、地球化学的理论和方法，采用数据库技术、地统计学模型、GIS 技术等手段，分析额尔古纳河流域湿地水文变化与生态响应的时空规律，揭示水资源开发利用的可接受程度与规模。

(8) 森林土壤资源调查及标本搜集

项目名称：森林土壤资源调查及标本搜集

项目编号：2007FY210300

项目类型：科学数据

学科类型：林学

项目负责人：孙向阳

项目承担单位：北京林业大学

主管部门：教育部

项目摘要：项目旨在组织我国相应区域从事森林土壤研究的主要高等院校和科研院所，按照准备、外业调查和室内分析处理三个阶段，进行全国范围森林土壤资源调查和标本采集，建立中国森林土壤标本馆，并依托北京林业大学或国家林业局网站，在数据库技术和 WebGIS 技术的支持下，建立全国森林土壤数据库及土壤资源信息共享平台。

(9) 中国近海重要药用生物和药用矿物资源调查

项目名称：中国近海重要药用生物和药用矿物资源调查

项目编号：2007FY210500

项目类型：科学数据

学科类型：地球科学

项目负责人：王长云

项目承担单位：中国海洋大学

主管部门：教育部

项目摘要：项目旨在针对我国海洋药物资源研究开发中存在的问题和重大需求，进行重要药用生物和药用矿物资源采集、评价、保存与信息化研究，分析评价药用生物资源状况、药用价值和应用前景；构建集资源学、生物学、化学及药学信息于一体的药用生物资源数据库，为海洋药物研究和开发提供资源共享的信息平台；整编科学基础资料，编纂海洋药物典籍，为海洋药用生物资源研究、开发与合理利用提供原始性基础资料和经典性文献，并为我国近海药用生物资源的管理、保护与可持续发展提供科学依据。

（10）利用树木年轮重建我国干寒区气候环境演变信息的整编

项目名称：利用树木年轮重建我国干寒区气候环境演变信息的整编

项目编号：2007FY220200

项目类型：科学数据

学科类型：地球科学

项目负责人：袁玉江

项目承担单位：中国气象局乌鲁木齐沙漠气象研究所

主管部门：中国气象局

项目摘要：项目旨在通过对我国干寒区现有的树木年轮资料和相关的研究成果进行收集、归类和整理，对我国干寒区树木年轮进行系统的集成研究，并结合现有采样点的分布在我国干寒区进行大范围的树木年轮补充采样，利用先进技术从树木中提取树木年轮宽度、密度、灰度、细胞特征、同位素等更为丰富和精细的信息，恢复气候演变的历史信息，提供我国干寒区近千年的高时间分辨率气候序列，建立树木年轮资料网络数据库和信息发布平台，实现成果共享。

（11）中华舆图志编制及数字展示

项目名称：中华舆图志编制及数字展示

项目编号：2007FY220300

项目类型：文献资料

学科类型：地球科学

项目负责人：张延波

项目承担单位：国家测绘局经济管理科学研究所

主管部门：国家测绘局

项目摘要：项目旨在以保管中华舆图的单位为单元，完成中华舆图的相关目录信息（舆图名称、年代、责任者、尺寸、保管单位等相关信息）的收集；将收集的中华舆图目录信息按朝代或地域分类排序整理；在中华舆图的基础上，绘制"中华古今万里长城图（辽东卷）"，并开发中华舆图研究成果管理和数字展示系统；实现典型变化、典型专题的生动展示，推进中华舆图研究成果分析应用。

（12）污染土地信息采集与国家污染场地档案建设

项目名称：污染土地信息采集与国家污染场地档案建设

项目编号：2007FY240200

项目类型：科学数据

学科类型：环境科学技术及资源科学技术

项目负责人：李发生

项目承担单位：中国环境科学研究院

主管部门：国家环境保护总局

项目摘要：项目旨在基于污染土地的调查资料和相关信息，构建污染土地数据库及信息采集系统；对我国受污染场地进行归类分析，进行危害等级评价，建立污染场地危害分级方法与国家分类系统；借鉴国外经验并结合我国实际情况，建立国家优先污染场地名录框架；建立国家污染场地档案库，实现档案数字化和网络化，使国家场地档案信息高度共享，为污染土地功能修复与环境管理提供信息支持。

（13）信息资源的科学分类与调查

项目名称：信息资源的科学分类与调查

项目编号：2007FY240400

项目类型：标准规范

学科类型：其他

项目负责人：单志广

项目承担单位：国家信息中心

主管部门：国家发展和改革委员会

项目摘要：项目旨在通过对现有各领域分类体系和分类学方法进行综合研究与调查，对政务信息和市场信息领域信息资源科学分类的需求开展调查，提出一种信息资源科学分类的基本思路方法，并形成一个信息资源科学分类的参考体系框架，全面反映信息之间的特征属性和逻辑关系，信息之间的多维空间的网状结构关系拓扑，表征信息因子的有序化和信息关联的网络化，进行多角度、多维度分类。

2.7 2008年资源与环境领域立项项目信息

（1）南海海洋断面科学考察

项目名称：南海海洋断面科学考察

项目编号：2008FY110100

项目类型：科学数据

学科类型：地球科学

项目负责人：陈绍勇

项目承担单位：中国科学院南海海洋研究所

主管部门：中国科学院

项目摘要：项目旨在通过南海海洋断面的长期科学考察，完成各类样品和观测数据的采集及其测试和分析，形成海洋物理、生物、生态环境、珊瑚礁地质和海底天然地震方面的观测与分析成果和相关的数据集、图集与图件、标本，并通过系统整编，实现南海海洋断面科学考察数据的共享。

（2）青藏高原多年冻土本底调查

项目名称：青藏高原多年冻土本底调查

项目编号：2008FY110200

项目类型：科学数据

学科类型：地球科学

项目负责人：赵林

项目承担单位：中国科学院寒区旱区环境与工程研究所

主管部门：中国科学院

项目摘要：项目拟选取青藏高原大片连续多年冻土分布区为主要调查区，收集现有青藏公路/铁路、青康公路和新藏公路的多年冻土资料，并通过两条断续剖面的线路综合调查（在青藏公路与新藏公路间的高原腹地选取一条经向剖面和沿玛多—曲麻莱—不冻泉—可可西里—甜水海一线选取一条纬向剖面）和 5 个典型区的多年冻土综合填图，以地球物理勘探和钻探相结合的技术手段，开展多年冻土分布边界、活动层、土壤、植被、气候和地貌等方面的综合调查，同时在现有监测网点的基础上，完善青藏高原多年冻土综合观测网络，获取冻土与环境因子的本底数据资料，辅以遥感技术，对青藏高原多年冻土分布进行综合制图，完成对青藏高原多年冻土现状的综合评估。

（3）澜沧江中下游与大香格里拉地区科学考察

项目名称：澜沧江中下游与大香格里拉地区科学考察

项目编号：2008FY110300

项目类型：科学数据

学科类型：地球科学

项目负责人：成升魁

项目承担单位：中国科学院地理科学与资源研究所

主管部门：中国科学院

项目摘要：项目旨在根据澜沧江中下游与大香格里拉地区的地理特征与考察目标，遵循"点、线、面"相结合的原则，采用遥感调查、实地考察、室内分析、野外采样等科学考察方法，从宏观、中观和微观 3 个不同尺度，重点围绕水土资源、生物多样性与生态系统功能、自然遗产与民族文化多样性、人居环境变化与山地灾害等领域开展综合科学考察工作。

（4）非粮柴油能源植物与相关微生物资源的调查、收集与保存

项目名称：非粮柴油能源植物与相关微生物资源的调查、收集与保存

项目编号：2008FY110400

项目类型：自然科技资源

学科类型：生物学

项目负责人：邢福武

项目承担单位：中国科学院华南植物园

主管部门：中国科学院

项目摘要：项目旨在紧密围绕国家可持续发展战略，在遵循国家生物质能源发展原则的前提下，以生物质能源产业需求为导向，在全国范围内开展非粮柴油能源植物与相关微生物资源的全面的科学考察、野外实地调查、相关数据资料的采集，摸清我国非粮柴油能源植物与相关微生物资源的家底，掌握非粮柴油能源植物与相关微生物资源的种类、分布、储藏量、化学成分等科学资料和相关信息，建立非粮柴油能源植物资源库与相关微生物菌种库及数据库信息系统。

（5）我国土系调查与《中国土系志》编制

项目名称：我国土系调查与《中国土系志》编制

项目编号：2008FY110600

项目类型：志书/典籍

学科类型：地球科学

项目负责人：张甘霖

项目承担单位：中国科学院南京土壤研究所

主管部门：中国科学院

项目摘要：项目旨在对我国中东部黑龙江、吉林、辽宁、北京、天津、河北、河南、湖北、山东、安徽、江苏、上海、浙江、福建、广东和海南16个省（自治区、直辖市）开展系统的基层分类单元调查，建立基于中国土壤系统分类的基层分类体系，并修订和完善其高级分类单元；制定全国统一的土系建立、土系数据库建设和土系志编制的技术规范；获得预期约2000个以上土系的完整信息；获取约200个新调查土系的整段模式标本，并建立标准参比剖面。

（6）*中国干旱地区苦咸水调查

项目名称：中国干旱地区苦咸水调查

项目编号：2008FY210300

项目类型：科学数据

学科类型：地球科学

项目负责人：严平

项目承担单位：北京师范大学

主管部门：教育部

项目摘要：项目旨在全面收集我国干旱地区典型区水文地质、气象资料等的基础上，通过野外考察、水文地质调查、样品分析测试等技术方法，结合遥感影像数据及相关资料分析，对我国干旱地区典型区苦咸水进行综合调查，系统分析苦咸水的成因，划分苦咸水的类型，揭示苦咸水的分布规律，确定苦咸水危害综合评价指标，总结和分析苦咸水利用现状及存在的问题，提出苦咸水资源的利用前景及战略对策。调查成果为干旱地区水资源利用、解决人畜饮水安全以及干旱区水资源的形成和演化研究等提供重要的基础资料。

（7）典型煤矸石堆场对周边地区生态环境影响的调查

项目名称：典型煤矸石堆场对周边地区生态环境影响的调查

项目编号：2008FY210400

项目类型：科学数据

学科类型：地球科学

项目负责人：苏德

项目承担单位：中国环境科学研究院

主管部门：环境保护部

项目摘要：项目旨在根据现有资料对全国煤矸石堆场进行分区分类，选择典型区调查分析煤矸石堆场对土壤、水、大气及植被造成的影响，针对重点区域及突出问题提出生态环境保护与恢复的对策措施，并对煤矸石堆场的处理处置及资源化利用提出合理化建议。

（8）[*]我国赤潮毒素、海洋浮游植物及海产品中有害微量元素检测与技术标准的研究

项目名称：我国赤潮毒素、海洋浮游植物及海产品中有害微量元素检测与技术标准的研究

项目编号：2008FY230600

项目类型：标准规范

学科类型：生物学

项目负责人：关道明

项目承担单位：国家海洋环境监测中心

主管部门：国家海洋局

项目摘要：项目旨在对赤潮毒素检测进行规范，建立中国海洋浮游植物定量化生物量监测技术标准方法，对海产品中有害微量元素及形态分析标准方法及标

准品研制进行探究。

2.8 2009年资源与环境领域立项项目信息

（1）*我国近岸海域表层沉积物中的甲藻孢囊分类

项目名称：我国近岸海域表层沉积物中的甲藻孢囊分类

项目编号：2009FY210400

项目类型：标准规范

学科类型：生物学

项目负责人：蓝东兆

项目承担单位：国家海洋局第三海洋研究所

主管部门：国家海洋局

项目摘要：项目在我国渤海、黄海、东海、台湾海峡和南海近岸海域采集了154个站位的表层沉积物样品，比较系统地开展了我国近岸海域表层沉积物中的甲藻孢囊种类分类学的研究。鉴定出甲藻孢囊26个属89种，明确了它们的地理分布特征和有毒甲藻的产毒特征，在我国近岸海域发现了9个新记录属，发现并描述了3个新种（含变种），在南海还发现了6种新记录的钙质甲藻，建立了我国甲藻孢囊数据库和图片资料库。

（2）历史大旱及典型场次旱灾水文特性复原

项目名称：历史大旱及典型场次旱灾水文特性复原

项目编号：2009FY220200

项目类型：文献资料

学科类型：地球科学

项目负责人：谭徐明

项目承担单位：中国水利水电科学研究院

主管部门：水利部

项目摘要：项目完成对清代故宫旱灾档案的初步整理，出版200万字资料性专著《清代旱灾档案史料》（上册、下册），补充完善近现代旱灾资料，延长历史干旱-旱灾年表，并已服务于水利抗旱减灾方略制定和旱灾风险区划；结合历史旱灾资料记录的地表水文情况，对我国西南地区大旱等典型干旱-旱灾时间进行调查分析，为水利部门判定重大旱灾事件的水文重现期提供依据。

（3）主要国家重点研发领域及主要科技计划和重大专项发展现状的调查与监测平台建设

项目名称：主要国家重点研发领域及主要科技计划和重大专项发展现状的调

查与监测平台建设

　　项目编号：2009FY240100

　　项目类型：科学数据

　　学科类型：其他

　　项目负责人：赵志耘

　　项目承担单位：中国科学技术信息研究所

　　主管部门：科学技术部

　　项目摘要：项目旨在针对生物技术、能源技术、海洋技术、信息技术、新材料等领域，以大量的文献信息与事实数据为基础，对主要国家的重点科技计划、重大专项以及重点研发领域发展动态进行持续监测，形成了重点研发领域的知识图谱、引文网络分析以及技术发展动态研究报告；开发了"主要国家重点研发领域科技政策监测平台"，数据库建设内容主要包括动态跟踪世界各国科技重点领域的最新发展现状、趋势和政策，及时监测各国科技政策与体制、科技战略与规划的进展情况，重点介绍各国重要的科研管理机构、研发机构和科技法律法规，集中推荐一些重要的科研工具和软件，自主开发支撑科技情报研究的功能模块和工作平台，标引入库的各类研究资源数据累积总量达到6118条。

2.9　2011年资源与环境领域立项项目信息

（1）华北地区自然植物群落资源综合考察

　　项目名称：华北地区自然植物群落资源综合考察

　　项目编号：2011FY110300

　　项目类型：科学数据

　　学科类型：生物学

　　项目负责人：刘鸿雁

　　项目承担单位：北京大学

　　主管部门：教育部

　　项目摘要：华北地区植物群落丰富，但长期以来受到人类活动的强烈影响。项目旨在采用统一的调查方法和技术规范，对华北地区的森林、草地和水生植物群落进行全面、系统的调查，建立综合的群落数据库，进行群落利用和保护现状的评估。

（2）格网化资源环境综合科学调查规范

　　项目名称：格网化资源环境综合科学调查规范

　　项目编号：2011FY110400

项目类型：标准规范

学科类型：地球科学

项目负责人：王卷乐

项目承担单位：中国科学院地理科学与资源研究所

主管部门：中国科学院

项目摘要：项目的总体目标是针对当前我国大量综合科学调查活动在数据获取、集成、管理和共享中对标准规范的实际需求，提出并建立一套全国无缝、精度一致的多级格网及格点系统；建立包括格网基础、基础地理、自然资源与生态环境、社会经济等多要素科学调查与数据集成共享的标准规范；选择适应于不同级别格网的青藏高原东南缘、黄土高原、东南沿海低山丘陵平原等典型区，开展格网示范并产生 20 个数据集及 1 个全国县域地貌类型单元数据集；面向国家资源环境本底调查和科学研究数据需求，从生态、资源、环境、数据积累等方面，在全国遴选 100 余个典型县开展县域范围的格网化资源环境综合科学调查规范应用，产生 11 个数据集。

（3）中国近 2000 年古气候代用资源整编

项目名称：中国近 2000 年古气候代用资源整编

项目编号：2011FY120300

项目类型：科学数据

学科类型：地球科学

项目负责人：郑景云

项目承担单位：中国科学院地理科学与资源研究所

主管部门：中国科学院

项目摘要：项目旨在根据近 2000 年古气候代用资料，通过古历史气候学、树轮气候学及其他古气候学科的资料采集、分析、重建方法及相应的技术标准进行数据资源的采集、整编、质量控制和数据表编制，包括历史文献中的气候及影响记录与重建的温度、降水、干湿序列，树轮宽度序列及重建的气候要素变化序列，以及源于石笋、冰芯、湖泊沉积等古气候变化代用指标数据三部分。其中，中国历史文献（主要源于历史档案、实录、日记、赋役全书等）记录共 750 多万字；利用历史气象记载重建的温度、降水、干湿序列 53 条，树轮宽度序列 59 条，利用树轮重建的气候要素变化序列 15 条，利用石笋、冰芯、湖泊沉积等古气候变化代用数据序列 15 条。这些序列的覆盖时段主要为过去 2000 年（特别是过去 1000 年以来），空间范围覆盖整个中国。

第 3 章　1999～2002 年科技基础性工作专项资源与环境领域项目成果汇编

本章主要是对 1999～2002 年已汇交的 30 个项目的成果元数据信息进行梳理与整编，在整编过程中依照数据可靠、质量有保证的原则对项目成果进行筛选，最终遴选出其中的 129 条项目成果进行展示。由于 1999～2002 年立项的基础性工作专项项目成果存在元数据表信息丢失及汇交不规范等问题，在整编过程中依照数据可靠、质量有保证的原则对其项目成果进行了筛选，同时选取资源名称、项目名称、项目编号、项目立项时间、项目负责人、项目承担单位、主管部门 7 项内容进行整编。在具体编目中遵循以下规则。

1）科学数据的编目是选取其一级学科分类作为二级标题；

2）文献资料分为地图图集、专著/考察/调研/测试分析/研究报告、图片音像视频等媒体资料以及其他类型；

3）在不同类型的项目成果中，按照项目立项时间进行排序；不同项目立项时间下则按照项目编号大小顺序进行排列（2000 年立项项目除外，依照项目名称的首字母进行排列）；

4）鉴于研究报告类资源的元数据较多，在该类资源下又按照元数据的一级学科进行分类。

3.1　1999～2002 年资源与环境领域项目科学数据汇编

3.1.1　测绘科学技术

（1）中国典型区域航空影像底片数字化（1950 年代～1960 年代）
项目名称：历史航空摄影数字化处理与建库
项目编号：G99-A-10
项目立项时间：1999 年
项目负责人：李京伟

项目承担单位：中国测绘科学研究院

主管部门：国家测绘局

（2）历史航片资料统计表

项目名称：历史航空摄影数字化处理与建库

项目编号：G99-A-10

项目立项时间：1999 年

项目负责人：李京伟

项目承担单位：中国测绘科学研究院

主管部门：国家测绘局

3.1.2　地球科学

（1）T106 格点分析数据集

项目名称：地球科学数据库系统（WDC-D）—海洋学科数据库群建设

项目编号：G99-A-01b

项目立项时间：1999 年

项目负责人：侯文峰

项目承担单位：国家海洋信息中心

主管部门：国家海洋局

（2）T106 同化分析资料数据集

项目名称：地球科学数据库系统（WDC-D）—海洋学科数据库群建设

项目编号：G99-A-01b

项目立项时间：1999 年

项目负责人：侯文峰

项目承担单位：国家海洋信息中心

主管部门：国家海洋局

（3）青藏高原地区地面气象观测站观测数据集（1951～1998 年）

项目名称：地球科学数据库系统（WDC-D）—海洋学科数据库群建设

项目编号：G99-A-01b

项目立项时间：1999 年

项目负责人：侯文峰

项目承担单位：国家海洋信息中心

主管部门：国家海洋局

(4) 全球地面气象资料数据集 (1986～1995 年)

项目名称：地球科学数据库系统 (WDC-D) —海洋学科数据库群建设

项目编号：G99-A-01b

项目立项时间：1999 年

项目负责人：侯文峰

项目承担单位：国家海洋信息中心

主管部门：国家海洋局

(5) 全球海洋、船舶资料数据集 (1986～1995 年)

项目名称：地球科学数据库系统 (WDC-D) —海洋学科数据库群建设

项目编号：G99-A-01b

项目立项时间：1999 年

项目负责人：侯文峰

项目承担单位：国家海洋信息中心

主管部门：国家海洋局

(6) 世界主要城市基本气象数据集 (2000 年)

项目名称：地球科学数据库系统 (WDC-D) —海洋学科数据库群建设

项目编号：G99-A-01b

项目立项时间：1999 年

项目负责人：侯文峰

项目承担单位：国家海洋信息中心

主管部门：国家海洋局

(7) 中国 10 个气象观测站辐射值数据集 (1957～1998 年)

项目名称：地球科学数据库系统 (WDC-D) —海洋学科数据库群建设

项目编号：G99-A-01b

项目立项时间：1999 年

项目负责人：侯文峰

项目承担单位：国家海洋信息中心

主管部门：国家海洋局

(8) 中国地面气候值数据集 (1961～1990 年)

项目名称：地球科学数据库系统 (WDC-D) —海洋学科数据库群建设

项目编号：G99-A-01b

项目立项时间：1999 年

项目负责人：侯文峰

项目承担单位：国家海洋信息中心

主管部门：国家海洋局

(9) 中国高空基本气象资料数据集（1951～1998 年）

项目名称：地球科学数据库系统（WDC-D）—海洋学科数据库群建设

项目编号：G99-A-01b

项目立项时间：1999 年

项目负责人：侯文峰

项目承担单位：国家海洋信息中心

主管部门：国家海洋局

(10) 中国高空站气候数据集（1950～1998 年）

项目名称：地球科学数据库系统（WDC-D）—海洋学科数据库群建设

项目编号：G99-A-01b

项目立项时间：1999 年

项目负责人：侯文峰

项目承担单位：国家海洋信息中心

主管部门：国家海洋局

(11) 中国古气候基础数据集（1470～1992 年）

项目名称：地球科学数据库系统（WDC-D）—海洋学科数据库群建设

项目编号：G99-A-01b

项目立项时间：1999 年

项目负责人：侯文峰

项目承担单位：国家海洋信息中心

主管部门：国家海洋局

(12) 中国南极科学考察气象数据集（1985～2001 年）

项目名称：地球科学数据库系统（WDC-D）—海洋学科数据库群建设

项目编号：G99-A-01b

项目立项时间：1999 年

项目负责人：侯文峰

项目承担单位：国家海洋信息中心

主管部门：国家海洋局

(13) 中国热带气旋、干旱、暴雨洪涝数据集（1959～1999 年）

项目名称：地球科学数据库系统（WDC-D）—海洋学科数据库群建设

项目编号：G99-A-01b

项目立项时间：1999 年

项目负责人：侯文峰

项目承担单位：国家海洋信息中心

主管部门：国家海洋局

（14）中国台湾地面气候值数据集（1961~1997年）

项目名称：地球科学数据库系统（WDC-D）—海洋学科数据库群建设

项目编号：G99-A-01b

项目立项时间：1999年

项目负责人：侯文峰

项目承担单位：国家海洋信息中心

主管部门：国家海洋局

（15）中国台湾对流层气象数据集（1986~1995年）

项目名称：地球科学数据库系统（WDC-D）—海洋学科数据库群建设

项目编号：G99-A-01b

项目立项时间：1999年

项目负责人：侯文峰

项目承担单位：国家海洋信息中心

主管部门：国家海洋局

（16）中国台湾标准等压面风资料数据集（1980~1998年）

项目名称：地球科学数据库系统（WDC-D）—海洋学科数据库群建设

项目编号：G99-A-01b

项目立项时间：1999年

项目负责人：侯文峰

项目承担单位：国家海洋信息中心

主管部门：国家海洋局

（17）中国台湾标准等压面高度、温度、温度露点差数据集（1980~1998年）

项目名称：地球科学数据库系统（WDC-D）—海洋学科数据库群建设

项目编号：G99-A-01b

项目立项时间：1999年

项目负责人：侯文峰

项目承担单位：国家海洋信息中心

主管部门：国家海洋局

（18）中国台湾特性层气压、温度、温度露点差数据集（1986~1995年）

项目名称：地球科学数据库系统（WDC-D）—海洋学科数据库群建设

项目编号：G99-A-01b

项目立项时间：1999年

项目负责人：侯文峰

项目承担单位：国家海洋信息中心

主管部门：国家海洋局

(19) 中国气温、降水数据集（1841～1998年）

项目名称：地球科学数据库系统（WDC-D）—海洋学科数据库群建设

项目编号：G99-A-01b

项目立项时间：1999年

项目负责人：侯文峰

项目承担单位：国家海洋信息中心

主管部门：国家海洋局

(20) 海洋标准物质信息库

项目名称：建立中国海洋标准物质体系

项目编号：无

项目立项时间：2000年

项目承担单位：国家海洋信息中心

项目负责人：吕海燕

主管部门：国家海洋局

(21) 1∶100万中国西北地区数字地图

项目名称：中国西北地区水资源水环境基础数据库系统

项目编号：无

项目立项时间：2000年

项目承担单位：水利部牧区水利科学研究所

项目负责人：魏永富、李海生

主管部门：水利部

(22) 中国西北6省（自治区、直辖市）1∶20万水文地质数据集

项目名称：中国西北地区水资源水环境基础数据库系统

项目编号：无

项目立项时间：2000年

项目承担单位：水利部牧区水利科学研究所

项目负责人：魏永富、李海生

主管部门：水利部

(23) 西部地区资源环境基础空间数据库成果图集

项目名称：西部地区资源环境基础空间数据库

项目编号：无

项目立项时间：2000 年

项目负责人：刘纪平

项目承担单位：中国测绘科学研究院

主管部门：国家测绘局

(24) 莱州湾海岸带 SAR 数据（1997～2003 年）

项目名称：海岸带遥感调查规范制定

项目编号：2002DEB20069

项目立项时间：2002 年

项目承担单位：国家海洋局第一海洋研究所

项目负责人：张杰

主管部门：国家海洋局

(25) 莱州湾海岸带遥感影像数据（1999～2001 年）

项目编号：2002DEB20069

项目立项时间：2002 年

项目名称：海岸带遥感调查规范制定

项目承担单位：国家海洋局第一海洋研究所

项目负责人：张杰

主管部门：国家海洋局

3.1.3　环境科学技术及资源科学技术

(1) 中国大气环境数据集（1981～1998 年）

项目名称：地球科学数据库系统（WDC-D）—海洋学科数据库群建设

项目编号：G99-A-01b

项目立项时间：1999 年

项目负责人：侯文峰

项目承担单位：国家海洋信息中心

主管部门：国家海洋局

(2) 中国西北地区水资源水环境基础数据库系统元数据

项目名称：中国西北地区水资源水环境基础数据库系统

项目编号：无

项目立项时间：2000 年

项目负责人：魏永富、李海生

项目承担单位：水利部牧区水利科学研究所

主管部门：水利部

（3）内蒙古水资源水环境基础数据（1975～1985 年）

项目名称：全国水环境信息数据库

项目编号：无

项目立项时间：2000 年

项目负责人：李纪人、黄诗峰、周怀东

项目承担单位：水利部遥感技术应用中心

主管部门：水利部

（4）宁夏水资源水环境基础数据（1975～1985 年）

项目名称：全国水环境信息数据库

项目编号：无

项目立项时间：2000 年

项目负责人：李纪人、黄诗峰、周怀东

项目承担单位：水利部遥感技术应用中心

主管部门：水利部

（5）新疆水资源水环境基础数据（1975～1985 年）

项目名称：中国西北地区水资源水环境基础数据库系统

项目编号：无

项目立项时间：2000 年

项目负责人：魏永富、李海生

项目承担单位：水利部牧区水利科学研究所

主管部门：水利部

（6）青海水资源水环境基础数据（1975～1985 年）

项目名称：中国西北地区水资源水环境基础数据库系统

项目编号：无

项目立项时间：2000 年

项目负责人：魏永富、李海生

项目承担单位：水利部牧区水利科学研究所

主管部门：水利部

（7）甘肃水资源水环境基础数据（1975～1985 年）

项目名称：中国西北地区水资源水环境基础数据库系统

项目编号：无

项目立项时间：2000 年

项目负责人：魏永富、李海生

项目承担单位：水利部牧区水利科学研究所

主管部门：水利部

（8）陕西水资源水环境基础数据（1975~1985年）

项目名称：中国西北地区水资源水环境基础数据库系统

项目编号：无

项目立项时间：2000年

项目负责人：魏永富、李海生

项目承担单位：水利部牧区水利科学研究所

主管部门：水利部

（9）全国水环境信息数据库水质数据库

项目名称：中国西北地区水资源水环境基础数据库系统

项目编号：无

项目立项时间：2000年

项目负责人：魏永富、李海生

项目承担单位：水利部牧区水利科学研究所

主管部门：水利部

（10）全国水环境信息数据库空间数据库

项目名称：中国西北地区水资源水环境基础数据库系统

项目编号：无

项目立项时间：2000年

项目负责人：魏永富、李海生

项目承担单位：水利部牧区水利科学研究所

主管部门：水利部

3.1.4 农学

中国178个站点土壤湿度数据集（1981~1998年）

项目名称：地球科学数据库系统（WDC-D）—海洋学科数据库群建设

项目编号：G99-A-01b

项目立项时间：1999年

项目负责人：侯文峰

项目承担单位：国家海洋信息中心

主管部门：国家海洋局

3.2　1999～2002年资源与环境领域项目标准规范汇编

3.2.1　测绘科学技术

（1）黑白航片扫描作业技术规定

项目名称：历史航空摄影数字化处理与建库

项目编号：G99-A-10

项目立项时间：1999年

项目负责人：李京伟

项目承担单位：中国测绘科学研究院

主管部门：国家测绘局

（2）航片影像数据库建库技术方案

项目名称：历史航空摄影数字化处理与建库

项目编号：G99-A-10

项目立项时间：1999年

项目负责人：李京伟

项目承担单位：中国测绘科学研究院

主管部门：国家测绘局

3.2.2　地球科学

（1）中国极地科学数据库系统（WDC-D）—数据处理规范

项目名称：海洋历史资料抢救

项目编号：G99-A-11

项目立项时间：1999年

项目负责人：王宏、扬金森

项目承担单位：国家海洋局海洋发展战略研究所、国家海洋信息中心

主管部门：国家海洋局

（2）中华人民共和国海洋行业标准—海洋信息分类与代码

项目名称：海洋历史资料抢救

项目编号：G99-A-11

项目立项时间：1999年

项目负责人：王宏、扬金森

项目承担单位：国家海洋局海洋发展战略研究所、国家海洋信息中心

主管部门：国家海洋局

(3) 中华人民共和国海洋行业标准—海洋信息元数据标准

项目名称：海洋历史资料抢救

项目编号：G99-A-11

项目立项时间：1999 年

项目负责人：王宏、扬金森

项目承担单位：国家海洋局海洋发展战略研究所、国家海洋信息中心

主管部门：国家海洋局

(4) 海洋环境数据的质量控制

项目名称：中国极地科学数据库系统（中国极地研究所部分）

项目编号：G99-A-02a

项目立项时间：1999 年

项目负责人：董兆乾、程少华

项目承担单位：中国极地研究所

主管部门：国家海洋局

(5) 海洋标准物质管理办法

项目名称：建立中国海洋标准物质体系

项目编号：无

项目立项时间：2000 年

项目负责人：吕海燕

项目承担单位：海洋局第二海洋研究所

主管部门：国家海洋局

(6) 黄鱼、海带和南海沉积物标准物质定值分析方法（2001~2002 年）

项目名称：建立中国海洋标准物质体系

项目编号：无

项目立项时间：2000 年

项目负责人：吕海燕

项目承担单位：国家海洋信息中心

主管部门：国家海洋局

(7) 气象资料共享标准规范

项目名称：气象资料共享系统建设

项目编号：2001DEA30029

项目立项时间：2001 年

项目负责人：徐祥德、李集明

项目承担单位：中国气象科学研究院

主管部门：中国气象局

（8）海洋调查规范

项目名称：海岸带遥感调查规范制定

项目编号：2002DEB20069

项目立项时间：2002 年

项目负责人：张杰

项目承担单位：国家海洋局第一海洋研究所

主管部门：国家海洋局

（9）海岸带遥感调查规范

项目名称：海岸带遥感调查规范制定

项目编号：2002DEB20069

项目立项时间：2002 年

项目负责人：张杰

项目承担单位：国家海洋局第一海洋研究所

主管部门：国家海洋局

（10）气象科学数据共享分类分级方案

项目名称：气象资料共享系统建设

项目编号：2002DEA30041

项目立项时间：2002 年

项目负责人：李集明、熊安元

项目承担单位：中国气象科学研究院

主管部门：中国气象局

（11）气象科学数据集制作与归档技术规定

项目名称：气象资料共享系统建设

项目编号：2002DEA30041

项目立项时间：2002 年

项目负责人：李集明、熊安元

项目承担单位：中国气象科学研究院

主管部门：中国气象局

（12）气象数据集说明文档格式标准

项目名称：气象资料共享系统建设

项目编号：2002DEA30041

项目立项时间：2002年

项目负责人：李集明、熊安元

项目承担单位：中国气象科学研究院

主管部门：中国气象局

（13）气象数据集元数据格式标准

项目名称：气象资料共享系统建设

项目编号：2002DEA30041

项目立项时间：2002年

项目负责人：李集明、熊安元

项目承担单位：中国气象科学研究院

主管部门：中国气象局

（14）气象资料的分类编码及命名规范

项目名称：气象资料共享系统建设

项目编号：2002DEA30041

项目立项时间：2002年

项目负责人：李集明、熊安元

项目承担单位：中国气象科学研究院

主管部门：中国气象局

（15）水文水资源信息共享服务实施方案

项目名称：水文水资源信息共享服务

项目编号：2002DEA30046

项目立项时间：2002年

项目负责人：贾金生

项目承担单位：中国水利水电科学研究院

主管部门：水利部

（16）我国气象科学数据发布策略和方法

项目名称：气象资料共享系统建设

项目编号：2002DEA30041

项目立项时间：2002年

项目负责人：李集明、熊安元

项目承担单位：中国气象科学研究院

主管部门：中国气象局

3.2.3　环境科学技术及资源科学技术

（1）中国西北地区水资源水环境基础数据库系统数据编码
项目名称：中国西北地区水资源水环境基础数据库系统
项目编号：无
项目立项时间：2000 年
项目负责人：魏永富、李海生
项目承担单位：水利部牧区水利科学研究所
主管部门：水利部

（2）中国西北地区水资源水环境基础数据库系统数据字典
项目名称：中国西北地区水资源水环境基础数据库系统
项目编号：无
项目立项时间：2000 年
项目负责人：魏永富、李海生
项目承担单位：水利部牧区水利科学研究所
主管部门：水利部

（3）NREDIS 信息共享元数据内容标准草案
项目名称：中国西北地区水资源水环境基础数据库系统
项目编号：无
项目立项时间：2000 年
项目负责人：魏永富、李海生
项目承担单位：水利部牧区水利科学研究所
主管部门：水利部

3.3　1999～2002 年资源与环境领域项目文献资料汇编

3.3.1　专著

（1）中国西部农业气象灾害（1961～2000 年）
出版社：气象出版社
书号：7-5029-3612-2
核字号：中国版本图书馆 CIP 数据核字（2003）第 064546 号

项目名称：中国西部农业和生态的气候资源及灾害数据库
项目编号：无
项目立项时间：2000 年
项目负责人：王建林、林日暖、高梅
项目承担单位：中国气象科学研究院
主管部门：中国气象局

（2）2003 年热带气旋年鉴
出版社：气象出版社
书号：135029·5339
项目名称：全球热带气旋资料库
项目编号：2001DEB30071
项目立项时间：2001 年
项目负责人：雷小途
项目承担单位：上海台风研究所（上海气象科学研究所）
主管部门：中国气象局

（3）西部人文通讯
项目名称：西北人文资源环境基础数据库
项目编号：2002DEB30089
项目立项时间：2002 年
项目负责人：方李莉
项目承担单位：中国艺术研究院
主管部门：文化部[①]

3.3.2　考察/调研/测试分析/研究报告

3.3.2.1　测绘科学技术

（1）历史航空摄影数字化处理与建库项目总结报告
项目名称：历史航空摄影数字化处理与建库
项目编号：G99-A-10
项目立项时间：1999 年
项目负责人：李京伟
项目承担单位：中国测绘科学研究院

---
① 现为文化和旅游部，下同。

主管部门：国家测绘局

（2）影像数据压缩存储试验报告

项目名称：历史航空摄影数字化处理与建库

项目编号：G99-A-10

项目立项时间：1999 年

项目负责人：李京伟

项目承担单位：中国测绘科学研究院

主管部门：国家测绘局

（3）中国五六十年代航空摄影资料调查报告

项目名称：历史航空摄影数字化处理与建库

项目编号：G99-A-10

项目立项时间：1999 年

项目负责人：李京伟

项目承担单位：中国测绘科学研究院

主管部门：国家测绘局

3.3.2.2　地球科学

（1）地球科学数据库系统（WDC-D）—海洋学科数据库群建设技术报告

项目名称：地球科学数据库系统（WDC-D）—海洋学科数据库群建设

项目编号：G99-A-01b

项目立项时间：1999 年

项目负责人：侯文峰

项目承担单位：国家海洋信息中心

主管部门：国家海洋局

（2）地球科学数据库系统（WDC-D）—海洋学科数据库群建设项目总结

项目名称：地球科学数据库系统（WDC-D）—海洋学科数据库群建设

项目编号：G99-A-01b

项目立项时间：1999 年

项目负责人：侯文峰

项目承担单位：国家海洋信息中心

主管部门：国家海洋局

（3）常规气象资料信息化模式文本汇编

项目名称：地球科学数据库系统（WDC-D）—气象科学部分

项目编号：G99-A-01c

项目立项时间：1999 年

项目负责人：裘国庆

项目承担单位：WDC-D 气象学科中心（国家气象中心）

主管部门：中国气象局

（4）气象学科领域数据资源动态（第 1 辑）

项目名称：地球科学数据库系统（WDC-D）—气象科学部分

项目编号：G99-A-01c

项目立项时间：1999 年

项目负责人：裘国庆

项目承担单位：WDC-D 气象学科中心（国家气象中心）

主管部门：中国气象局

（5）地球科学数据库系统（WDC-D）数据规范化管理项目总结

项目名称：WDC-D 数据规范化管理

项目编号：G99-A-01e

项目立项时间：1999 年

项目负责人：施慧中

项目承担单位：中国科学院-国家计划委员会自然资源综合考察委员会

主管部门：中国科学院

（6）地球科学数据库系统（WDC-D）学科领域数据现状分析

项目名称：WDC-D 数据规范化管理

项目编号：G99-A-01e

项目立项时间：1999 年

项目负责人：施慧中

项目承担单位：中国科学院-国家计划委员会自然资源综合考察委员会

主管部门：中国科学院

（7）中国极地科学系统技术报告

项目名称：中国极地科学数据库系统（中国极地研究所部分）

项目编号：G99-A-02a

项目立项时间：1999 年

项目负责人：董兆乾、程少华

项目承担单位：中国极地研究所

主管部门：国家海洋局

（8）大陆大气本底基准研究项目工作技术报告

项目名称：大陆大气本底基准研究

项目编号：G99-A-07
项目立项时间：1999 年
项目负责人：汤洁
项目承担单位：中国气象科学研究院
主管部门：中国气象局

（9）海洋历史资料抢救项目总结
项目名称：海洋历史资料抢救
项目编号：G99-A-11
项目立项时间：1999 年
项目负责人：王宏、扬金森
项目承担单位：国家海洋局海洋发展战略研究所、国家海洋信息中心
主管部门：国家海洋局

（10）海洋科技重点数据库建设项目总结
项目名称：海洋科技重点数据库
项目编号：无
项目立项时间：2000 年
项目负责人：王宏、林邵花
项目承担单位：国家海洋局海洋发展战略研究所
主管部门：国家海洋局

（11）海洋信息质量与标准体系建设项目总结
项目名称：海洋信息质量与标准体系建设
项目编号：无
项目立项时间：2000 年
项目负责人：林邵花、石绥祥
项目承担单位：国家海洋局天津海水淡化与综合利用研究所
主管部门：国家海洋局

（12）海带标准物质研制报告（2001～2002 年）
项目名称：建立中国海洋标准物质体系
项目编号：无
项目立项时间：2000 年
项目负责人：吕海燕
项目承担单位：国家海洋信息中心
主管部门：国家海洋局

(13) 海带标准物质原始数据汇编（2001～2002 年）

项目名称：建立中国海洋标准物质体系

项目编号：无

项目立项时间：2000 年

项目负责人：吕海燕

项目承担单位：国家海洋信息中心

主管部门：国家海洋局

(14) 海带标准物质原始数据统计检验（2001～2002 年）

项目名称：建立中国海洋标准物质体系

项目编号：无

项目立项时间：2000 年

项目负责人：吕海燕

项目承担单位：国家海洋信息中心

主管部门：国家海洋局

(15) 海洋标准物质体系表

项目名称：建立中国海洋标准物质体系

项目编号：无

项目立项时间：2000 年

项目负责人：吕海燕

项目承担单位：国家海洋信息中心

主管部门：国家海洋局

(16) 海洋标准物质体系研究报告

项目名称：建立中国海洋标准物质体系

项目编号：无

项目立项时间：2000 年

项目负责人：吕海燕

项目承担单位：国家海洋信息中心

主管部门：国家海洋局

(17) 黄鱼标准物质原始数据汇编（2001～2002 年）

项目名称：建立中国海洋标准物质体系

项目编号：无

项目立项时间：2000 年

项目负责人：吕海燕

项目承担单位：国家海洋信息中心

主管部门：国家海洋局

（18）黄鱼标准物质原始数据统计检验（2001～2002 年）

项目名称：建立中国海洋标准物质体系

项目编号：无

项目立项时间：2000 年

项目负责人：吕海燕

项目承担单位：国家海洋信息中心

主管部门：国家海洋局

（19）黄鱼海洋标准物质研制报告（2001～2002 年）

项目名称：建立中国海洋标准物质体系

项目编号：无

项目立项时间：2000 年

项目负责人：吕海燕

项目承担单位：国家海洋信息中心

主管部门：国家海洋局

（20）建立中国海洋标准物质体系项目总结报告

项目名称：建立中国海洋标准物质体系

项目编号：无

项目立项时间：2000 年

项目负责人：吕海燕

项目承担单位：国家海洋信息中心

主管部门：国家海洋局

（21）南海沉积物标准物质研制报告（2001～2002 年）

项目名称：建立中国海洋标准物质体系

项目编号：无

项目立项时间：2000 年

项目负责人：吕海燕

项目承担单位：国家海洋信息中心

主管部门：国家海洋局

（22）南海沉积物原始数据汇编（2001～2002 年）

项目名称：建立中国海洋标准物质体系

项目编号：无

项目立项时间：2000 年

项目负责人：吕海燕

项目承担单位：国家海洋信息中心

主管部门：国家海洋局

（23）南海沉积物质原始数据统计检验（2001~2002年）

项目名称：建立中国海洋标准物质体系

项目编号：无

项目立项时间：2000年

项目负责人：吕海燕

项目承担单位：国家海洋信息中心

主管部门：国家海洋局

（24）北极海洋沉积物标准物质研制报告及执行情况报告（2001~2002年）

项目名称：建立中国海洋标准物质体系

项目编号：无

项目立项时间：2000年

项目负责人：吕海燕

项目承担单位：国家海洋局第二海洋研究所

主管部门：国家海洋局

（25）难降解有机物监测用标准物质的研制（实验报告）

项目名称：建立中国海洋标准物质体系

项目编号：无

项目立项时间：2000年

项目负责人：吕海燕

项目承担单位：国家海洋信息中心

主管部门：国家海洋局

（26）全国生态环境综合数据库与监测信息网络数据库应用与研究报告

项目名称：全国生态环境综合数据库与监测信息网络

项目编号：无

项目立项时间：2000年

项目负责人：孟伟

项目承担单位：中国环境科学研究院

主管部门：环境保护部

（27）全国生态环境综合数据库与监测信息网络项目总结

项目名称：全国生态环境综合数据库与监测信息网络

项目编号：无

项目立项时间：2000年

项目负责人：孟伟

项目承担单位：中国环境科学研究院

主管部门：环境保护部

(28) 全国生态环境综合数据库与监测信息网络研究报告

项目名称：全国生态环境综合数据库与监测信息网络

项目编号：无

项目立项时间：2000 年

项目负责人：孟伟

项目承担单位：中国环境科学研究院

主管部门：环境保护部

(29) 西部地区资源环境基础空间数据库项目总结

项目名称：西部地区资源环境基础空间数据库

项目编号：无

项目立项时间：2000 年

项目负责人：刘纪平

项目承担单位：中国测绘科学研究院

主管部门：国家测绘局

(30) 西部社会、经济、资源和环境综合数据库技术报告

项目名称：西部社会、经济、资源和环境综合数据库

项目编号：无

项目立项时间：2000 年

项目负责人：文兼武

项目承担单位：统计科学研究所

主管部门：国家统计局

(31) 西部社会、经济、资源和环境综合数据库项目总结

项目名称：西部社会、经济、资源和环境综合数据库

项目编号：无

项目立项时间：2000 年

项目负责人：文兼武

项目承担单位：统计科学研究所

主管部门：国家统计局

(32) 西部资源、生态环境基础数据库建设项目总结

项目名称：西部资源、生态环境基础数据库建设

项目编号：无

项目立项时间：2000 年

项目负责人：李增元、孙九林、张旭

项目承担单位：中国林业科学研究院资源信息研究所

主管部门：国家林业局

（33）西部资源、生态环境基础数据库建设技术报告

项目名称：西部资源、生态环境基础数据库建设

项目编号：无

项目立项时间：2000 年

项目负责人：李增元、孙九林、张旭

项目承担单位：中国林业科学研究院资源信息研究所

主管部门：国家林业局

（34）长江上游生态环境变化监测网络与数据库建设技术总结

项目名称：长江上游生态环境变化监测网络与数据库建设

项目编号：无

项目立项时间：2000 年

项目负责人：陈忠明

项目承担单位：四川省气象科学研究所

主管部门：中国气象局

（35）长江上游生态环境变化监测网络与数据库建设项目建设在人才与科研基础中的作用

项目名称：长江上游生态环境变化监测网络与数据库建设

项目编号：无

项目立项时间：2000 年

项目负责人：陈忠明

项目承担单位：四川省气象科学研究所

主管部门：中国气象局

（36）长江上游生态环境变化监测网络与数据库建设项目总结

项目名称：长江上游生态环境变化监测网络与数据库建设

项目编号：无

项目立项时间：2000 年

项目负责人：陈忠明

项目承担单位：四川省气象科学研究所

主管部门：中国气象局

（37）长江上游生态环境变化监测网络与数据库建设应用情况与效益分析

项目名称：长江上游生态环境变化监测网络与数据库建设

项目编号：无

项目立项时间：2000 年

项目负责人：陈忠明

项目承担单位：四川省气象科学研究所

主管部门：中国气象局

（38）中国湖泊与沼泽动态变化监测数据库项目总结

项目名称：中国湖泊与沼泽动态变化监测数据库

项目编号：无

项目立项时间：2000 年

项目负责人：路京选、李纪人、杨仁平、邓伟

项目承担单位：水利部遥感技术应用中心、湖南气象科学研究所、长春地理研究所

主管部门：水利部

（39）地球科学数据中心完善与服务总结报告

项目名称：中国地球科学数据中心完善与服务

项目编号：2001DEA30027

项目立项时间：2001 年

项目负责人：赵逊、孙九林

项目承担单位：中国地质科学院

主管部门：国土资源部

（40）气象资料共享系统建设项目技术总结报告

项目名称：气象资料共享系统建设

项目编号：2001DEA30029

项目立项时间：2001 年

项目负责人：徐祥德、李集明

项目承担单位：中国气象科学研究院

主管部门：中国气象局

（41）国外气象数据资源动态（第 1 辑）

项目名称：气象资料共享系统建设

项目编号：2001DEA30029

项目立项时间：2001 年

项目负责人：徐祥德、李集明

项目承担单位：中国气象科学研究院

主管部门：中国气象局

（42）气象学科领域数据资源动态（第1辑）

项目名称：气象资料共享系统建设

项目编号：2001DEA30029

项目立项时间：2001年

项目负责人：徐祥德、李集明

项目承担单位：中国气象科学研究院

主管部门：中国气象局

（43）全球热带气旋资料库项目验收总结报告

项目名称：全球热带气旋资料库

项目编号：2001DEB30071

项目立项时间：2001年

项目负责人：雷小途

项目承担单位：上海台风研究所（上海气象科学研究所）

主管部门：中国气象局

（44）中国地球科学数据中心完善与共享平台建设项目报告

项目名称：中国地球科学数据中心完善与共享平台建设项目报告

项目编号：2002DEA30030

项目立项时间：2002年

项目负责人：赵逊、孙九林

项目承担单位：中国地质科学院

主管部门：国土资源部

（45）农村科技信息共享技术与实践

项目名称：中国农村科学数据共享平台研究与服务体系建设

项目编号：2002DEA30036

项目立项时间：2002年

项目负责人：陈良玉

项目承担单位：中国农村技术开发中心

主管部门：科学技术部

（46）气象资料共享系统建设项目技术总结

项目名称：气象资料共享系统建设

项目编号：2002DEA30041

项目立项时间：2002年

项目负责人：李集明、熊安元

项目承担单位：中国气象科学研究院

主管部门：中国气象局

（47）地面气象资料质量控制方法研究概述

项目名称：气象资料共享系统建设

项目编号：2002DEA30041

项目立项时间：2002 年

项目负责人：李集明、熊安元

项目承担单位：中国气象科学研究院

主管部门：中国气象局

（48）国外网站发布气象科学数据的调研分析报告

项目名称：气象资料共享系统建设

项目编号：2002DEA30041

项目立项时间：2002 年

项目负责人：李集明、熊安元

项目承担单位：中国气象科学研究院

主管部门：中国气象局

（49）极端异常气象资料的综合性质量控制分析

项目名称：气象资料共享系统建设

项目编号：2002DEA30041

项目立项时间：2002 年

项目负责人：李集明、熊安元

项目承担单位：中国气象科学研究院

主管部门：中国气象局

（50）气象科学数据分类分级研究报告

项目名称：气象资料共享系统建设

项目编号：2002DEA30041

项目立项时间：2002 年

项目负责人：李集明、熊安元

项目承担单位：中国气象科学研究院

主管部门：中国气象局

（51）气象科学数据共享服务情况调查报告

项目名称：气象资料共享系统建设

项目编号：2002DEA30041

项目立项时间：2002 年

项目负责人：李集明、熊安元

项目承担单位：中国气象科学研究院

主管部门：中国气象局

（52）气象科学数据共享效益评估方法研究

项目名称：气象资料共享系统建设

项目编号：2002DEA30041

项目立项时间：2002 年

项目负责人：李集明、熊安元

项目承担单位：中国气象科学研究院

主管部门：中国气象局

（53）我国气象资料共享发布和服务要点

项目名称：气象资料共享系统建设

项目编号：2002DEA30041

项目立项时间：2002 年

项目负责人：李集明、熊安元

项目承担单位：中国气象科学研究院

主管部门：中国气象局

（54）长三角地区降水资料的均一性检验与订正试验

项目名称：气象资料共享系统建设

项目编号：2002DEA30041

项目立项时间：2002 年

项目负责人：李集明、熊安元

项目承担单位：中国气象科学研究院

主管部门：中国气象局

（55）中国 1951 年前平均气温均一性检验典型站试验报告

项目名称：气象资料共享系统建设

项目编号：2002DEA30041

项目立项时间：2002 年

项目负责人：李集明、熊安元

项目承担单位：中国气象科学研究院

主管部门：中国气象局

（56）国外气象数据资源动态（第 2 辑）

项目名称：气象资料共享系统建设

项目编号：2002DEA30041

项目立项时间：2002 年

项目负责人：李集明、熊安元

项目承担单位：中国气象科学研究院

主管部门：中国气象局

(57) 气象学科领域数据资源动态（第 3 辑）

项目名称：气象资料共享系统建设

项目编号：2002DEA30041

项目立项时间：2002 年

项目负责人：李集明、熊安元

项目承担单位：中国气象科学研究院

主管部门：中国气象局

(58) 水文水资源信息共享服务项目验收总结报告

项目名称：水文水资源信息共享服务

项目编号：2002DEA30046

项目立项时间：2002 年

项目负责人：贾金生

项目承担单位：中国水利水电科学研究院

主管部门：水利部

(59) 水文水资源信息共享服务研制报告

项目名称：水文水资源信息共享服务

项目编号：2002DEA30046

项目立项时间：2002 年

项目负责人：贾金生

项目承担单位：中国水利水电科学研究院

主管部门：水利部

(60) 海岸带遥感调查规范制定总结报告

项目名称：海岸带遥感调查规范制定

项目编号：2002DEB20069

项目承担单位：国家海洋局第一海洋研究所

项目负责人：张杰

项目立项时间：2002 年

主管部门：国家海洋局

（61）海岸带遥感调查研究实例报告

项目名称：海岸带遥感调查规范制定

项目编号：2002DEB20069

项目承担单位：国家海洋局第一海洋研究所

项目负责人：张杰

项目立项时间：2002 年

主管部门：国家海洋局

3.3.2.3　环境科学技术及资源科学技术

（1）中国西北地区水资源水环境基础数据库系统项目总结报告

项目名称：中国西北地区水资源水环境基础数据库系统

项目编号：无

项目立项时间：2000 年

项目负责人：魏永富、李海生

项目承担单位：水利部牧区水利科学研究所

主管部门：水利部

（2）全国水环境信息数据库技术报告

项目名称：全国水环境信息数据库

项目立项时间：2000 年

项目编号：无

项目负责人：李纪人、黄诗峰、周怀东

项目承担单位：水利部遥感技术应用中心

主管部门：水利部